应用型人才培养创新教材

建筑喷涂机器人
技术与应用

陈峰 李育枢 陈鲁 主编

Technology and Applications
of Construction Spraying Robots

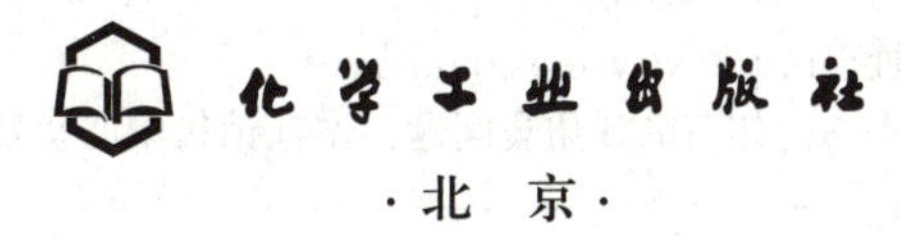

·北京·

内容简介

《建筑喷涂机器人技术与应用》是一本专注于建筑领域喷涂机器人技术与实践应用的专业图书。本书全面介绍了喷涂机器人的发展历程、关键技术、系统组成，以及在建筑施工中的具体应用方法。书中不仅涵盖了智能喷涂机器人的工作原理和操作技巧，还详细讨论了施工前的准备、施工过程中的工艺控制，以及施工后的维护保养，为读者提供了从理论到实践的全方位指导。

本书通过实训任务，使读者能够掌握喷涂机器人在不同施工场景下的应用技巧，提高施工效率和质量。同时，书中还强调了喷涂机器人在现代建筑行业中推动技术创新和提升环保施工标准的重要性，体现了党的二十大精神中的推动制造业高端化、智能化、绿色化发展。

本书配有丰富的数字资源，读者可通过扫描书中二维码进行学习。

本书可作为应用型本科、高等职业院校土木建筑类、装备制造类、电子与信息类相关专业学生的教学用书，也可作为建筑领域工程技术人员的参考用书，还可作为喷涂机器人操作和维护人员的培训教材。

图书在版编目（CIP）数据

建筑喷涂机器人技术与应用 / 陈峰，李育枢，陈鲁主编. -- 北京 : 化学工业出版社，2025. 1. --（应用型人才培养创新教材）. -- ISBN 978-7-122-47139-0

Ⅰ. TP242.2

中国国家版本馆CIP数据核字第2025R1J636号

责任编辑：李仙华　吕佳丽　　　文字编辑：郝　悦　王硕
责任校对：宋　玮　　　装帧设计：史利平

出版发行：化学工业出版社（北京市东城区青年湖南街13号　邮政编码100011）
印　　装：北京云浩印刷有限责任公司
787mm×1092mm　1/16　印张6¼　字数137千字　　2025年5月北京第1版第1次印刷

购书咨询：010-64518888　　　售后服务：010-64518899
网　　址：http://www.cip.com.cn
凡购买本书，如有缺损质量问题，本社销售中心负责调换。

定　　价：32.00元

前言

随着科技的飞速发展，机器人技术已经逐渐成为人们生活中不可或缺的一部分。传统的人工喷涂方式存在喷涂质量不稳定、生产效率低下、喷涂范围有限等问题，因此有了智能喷涂机器人（以下简称喷涂机器人）。喷涂机器人在众多领域中发挥着重要的作用，如汽车制造、家具生产、建筑行业等。然而，要想熟练掌握喷涂机器人的操作和应用，需要系统地学习和实践。为此，我们编写了这本建筑喷涂机器人教材，旨在为读者提供一本全面、实用的学习指南，建设现代化产业体系，贯彻落实党的二十大精神。

本书以喷涂机器人的基本概述、关键技术、施工工艺、操作方法为主线，涵盖了喷涂机器人的维护保养和故障排除等方面的内容。通过阅读本书，读者将能够：

（1）了解喷涂机器人的发展背景、分类、应用领域以及系统组成；

（2）掌握喷涂机器人的喷涂技术；

（3）熟悉喷涂机器人的施工工艺；

（4）掌握喷涂机器人的故障排除和维护保养的相关知识；

（5）熟悉喷涂机器人的实训操作。

本书注重理论与实践相结合，首先深入浅出地讲解喷涂机器人的各项技术，然后通过实训任务进行实践。我们希望通过这种教学方式，使读者能够更快地掌握喷涂机器人的应用要领，为实际工作打下坚实的基础。

本书可作为土木建筑类、装备制造类、电子与信息类等相关专业的学生和从业者的用书，也可作为喷涂机器人操作和维护人员的培训教材。我们希望本书能够为喷涂机器人领域的人才培养和技术传承作出贡献。

本书由山西工程科技职业大学陈峰、成都职业技术学院李育枢、嘉兴南湖学院陈鲁担任主编，温州职业技术学院卢声亮、展视网（北京）科技有限公司刘盈盈担任副主编，成都职业技术学院王信君担任主审。参与本书编写的还有广西现代职业技术学院的孙德发与胡万志、展视网（北京）科技有限公司的陆淑婷与杨豪、上海建管职业技术学院的安迎建、成都职业技术学院的李佳鲒与伍佳宁、重庆工商职业学院的王汁汁。在章节编写方面，绪论和附录由杨豪与陆淑婷合作编写；陈峰、李育枢、孙德发与胡万志以及陆淑婷合作编写第1章和第2章；第3章和第4章由第1章和第2章编写人员与安迎建以及刘盈盈合作编写；第5章是由孙德发、李佳鲒与杨豪合作编写；第6章是由王汁汁与伍佳宁合作编写。

本书提供有能力训练题答案、配套的电子课件，可登录www.cipedu.com.cn免费获取。由于水平有限，书中难免存在疏漏和不足之处，敬请广大读者批评指正。

编者

2025年1月

目录

二维码资源目录

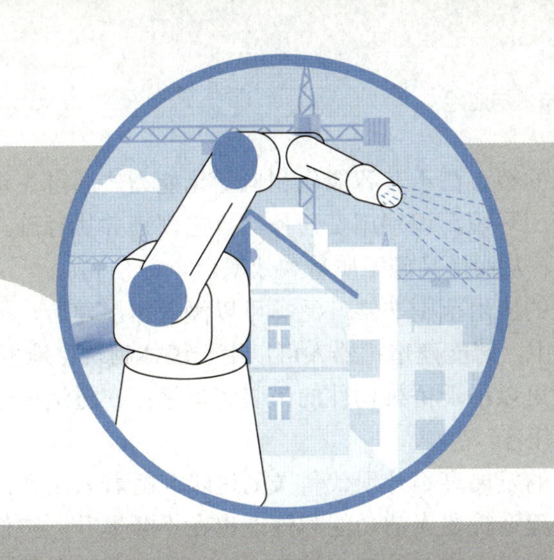

绪论

一、智能建造概念与特点

智能建造是利用信息化、数字化、网络化和智能化技术对建筑物的设计、施工、管理和维护过程进行优化的方法。它将先进的信息技术、自动化技术、机器人技术和物联网技术等应用于建筑行业中，以提高建筑物的能效、安全性和可持续性。智能建造的目标是通过技术创新和优化管理，实现建筑物的高效建造和智能化运营。

智能建造的主要特点和概念包括：

① 建筑信息模型（BIM）：BIM是一种数字化的建筑设计和施工管理方法，它可以实现建筑物信息的集成和共享，提高工作效率并加强协同合作。

② 机器人与自动化技术：智能建造涉及使用建筑机器人和自动化技术来提高施工效率和质量，降低人力成本和风险。

③ 物联网技术：通过在建筑物中安装传感器和智能设备，实现建筑设备和系统的智能化监测和控制，提高能源效率和安全性。

④ 可持续建筑：智能建造注重绿色建筑和可持续建筑的设计原则和技术，以减小建筑物的环境影响，提高资源利用效率。

⑤ 建筑数据处理与分析：利用大数据和建筑数据处理技术来优化建筑设计、施工和运营管理，提高决策的准确性和效率。

智能建造正在逐渐改变建筑行业的发展模式，推动建筑行业向更加智能化、高效化和可持续化的方向发展。随着技术的不断进步和创新，智能建造的应用领域将会不断扩大，为建筑行业带来更多的机遇和挑战。

二、智能建造机器人

智能建造机器人是指集成了人工智能、机器人技术、传感技术、控制技术等先进技术的自动化施工设备。它们能够按照预设的程序和参数，自主或在人工监控下完成建筑过程中的各种作业，如搬运、装配、焊接、喷涂等，从而提高建筑行业的施工效率和质量。

智能建造机器人的核心在于其智能化和自动化能力。通过先进的算法和控制系统，机器人能够精确感知施工环境，识别施工任务，自主规划并执行施工操作。它们可以实现对施工过程的精确控制，从而提高施工质量和效率。

智能建造机器人的应用范围非常广泛，可以涵盖房屋建造、桥梁施工、隧道掘进等多个领域。在房屋建造中，智能建造机器人可以用于墙体砌筑、地板铺设、吊顶安装等作业；在桥梁施工中，它们可以用于桥梁构件的吊装和焊接；在隧道掘进中，智能建造机器人可以承担挖掘和支护等任务。

智能建造机器人的发展离不开现代科技的进步。随着人工智能、机器人技术和传感技术的不断发展，智能建造机器人的功能和性能也在不断提升。它们可以通过学习算法不断优化自身的施工能力，提高施工效率和精度。同时，随着物联网等技术的应用，智能建造机器人可以实现与其他设备的互联互通，形成智能化的施工系统。

智能建造机器人的出现对建筑行业产生了深远的影响。它们不仅可以提高施工效率和质量，降低施工成本，还可以减少人力资源的浪费和安全事故的发生。此外，智能建造机器人还可以适应各种恶劣的施工环境，降低工人的劳动强度，提高施工过程的可持续性。

总的来说，智能建造机器人是一种具有高度智能化和自动化能力的施工设备，它们的出现推动了建筑行业的进步和发展。随着技术的不断进步和应用领域的拓展，智能建造机器人将在未来建筑行业中发挥更加重要的作用，为人类创造更加安全、高效、环保的建筑环境。

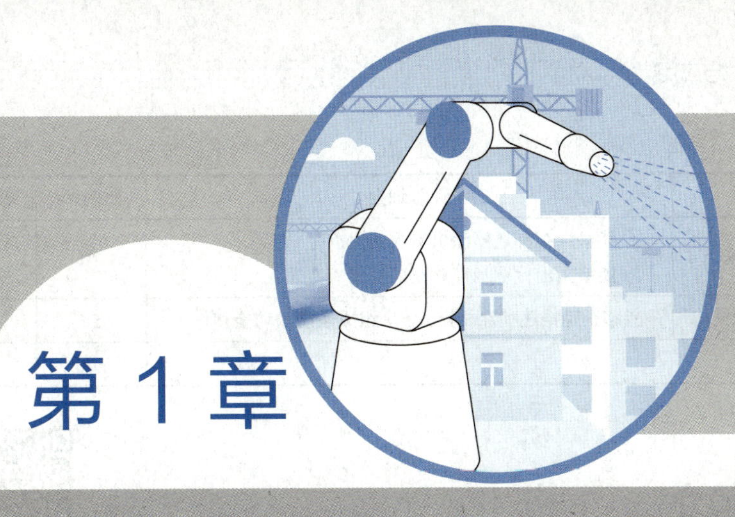

第 1 章 智能喷涂机器人概述

知识要点

智能喷涂机器人（下面简称为喷涂机器人）概况、分类以及特点；喷涂机器人的国内外发展情况；喷涂机器人的优势以及面临的一些挑战。

能力要求

理解喷涂机器人的概念，包括什么是喷涂机器人，它的基本组成和工作原理是什么；了解喷涂机器人的应用领域，能够列举出喷涂机器人的主要应用行业和应用场景，对于不同应用场景，应能够分析喷涂机器人喷涂相比传统人工喷涂的优势；熟悉喷涂机器人的组成，包括机械系统、驱动系统、感知系统、控制系统以及喷涂系统。

素质目标

树立科技创新意识；培养工匠精神，注重细节，追求卓越；增强环保意识，理解并倡导绿色生产、可持续发展的理念。

评分表

序号	任务（技能）	评分细则	比例/%	得分/分
1	了解喷涂机器人概念	① 了解喷涂机器人的基本概念； ② 了解喷涂机器人的基本功能	10	
2	了解喷涂机器人分类及特点	① 能够识别不同类别的喷涂机器人； ② 能够正确描述喷涂机器人的特点	20	

续表

序号	任务（技能）	评分细则	比例/%	得分/分
3	了解喷涂机器人优缺点	① 能够详细描述喷涂机器人的优点； ② 能够指出行业当前存在的问题	20	
4	掌握机器人的各组织结构	能够正确描述喷涂机器人5个组成系统的功能和作用	50	
合计			100	

1-1 智能喷涂机器人简介

1.1 喷涂机器人简介

1.1.1 喷涂机器人的发展背景

随着工业化进程的加速，越来越多的建筑业开始寻求提高生产效率和降低生产成本的方法。传统的手工喷涂方法不仅效率低下，而且涂层质量受工人技术水平的影响较大，难以保证一致性。因此，自动化喷涂技术应运而生。

早在20世纪60年代，第一台工业机器人诞生后不久，人们就开始尝试将机器人技术应用于喷涂作业。最初的喷涂机器人主要是为了解决汽车制造业中车身涂装的重复劳动和环境污染问题。随着技术的不断进步，喷涂机器人的精度、速度和喷涂质量都有了显著提高，应用范围也逐渐扩大到其他行业。

进入21世纪，随着环保意识的提高，喷涂行业开始注重减少挥发性有机化合物（VOC）的排放，喷涂机器人在这方面起到了积极作用。同时，随着计算机技术、传感器技术、人工智能等领域的快速发展，喷涂机器人也逐步实现了智能化和网络化，能够更好地适应复杂多变的生产需求。

目前，喷涂机器人已经成为现代各行业不可或缺的一部分，特别是在建筑、汽车、电子产品等行业，它们为提高生产效率、保证产品质量和降低环境污染作出了重要贡献。未来，随着工业4.0和智能制造的进一步发展，喷涂机器人将继续扮演关键角色，带来更多创新和变革。

1.1.2 喷涂机器人的基本概念

喷涂机器人又称为喷漆机器人，是一种可以用于自动喷漆或者喷涂其他涂料的工业机器人，主要由机器人本体、计算机和相应的控制系统组成。液压驱动的喷涂机器人还包括液压油源，如油泵、油箱和电机等。大多数都采用5或者6自由度关节式结构，手臂有较大的运动空间。

喷涂机器人具备四大优点：其一是柔性大，工作范围大；其二是可以提高喷涂的质量以及材料的使用率；其三是易于操作和维护，极大地缩短了现场调试时间；其四是设备利用率高。

世界上第一台喷涂机器人（图1-1）是1969年由挪威Trallfa公司（后并入了ABB集团）发明的。随着现代喷涂工艺的不断发展和完善，喷涂技术的改革也在时刻进行。现如今自动化生产的要求逐渐提高，不断贯彻安全生产、环保生产等原则，喷涂机器人的喷涂性能逐渐提高，功能也日趋完善。现代智能喷涂机器人如图1-2所示。近年来喷涂机器人逐渐应用到船舶、航空等领域，同时也使喷涂技术迈上了新台阶。

图1-1 世界上第一台喷涂机器人

图1-2 现代智能喷涂机器人

1.1.3 室内喷涂机器人的功能

用于住宅室内的墙面结构的底漆和面漆的全自动喷涂。通过对作业空间的重构和定位，以及精准的运动控制系统，实现高效率、高质量喷涂。

与人工作业相比，该喷涂机器人能长时间连续作业，质量更好，效率更高，降低工人劳动强度和成本，保证安全性和环保性，其主要功能见表1-1，相关参数设置见表1-2。

表1-1 室内喷涂机器人主要功能

序号	功能	说明
1	喷涂任务规划	通过路径规划软件，可生成机器人移动和喷涂点位，形成机器人喷涂任务队列
2	乳胶漆自动喷涂	机器人可以喷涂建筑内墙用无砂水性乳胶漆（底漆和面漆）
3	室内立面墙自动喷涂	机器人可对建筑物室内平面墙进行自动喷涂（底漆和面漆）作业
4	限位开关	机器人内置若干限位开关，用以限制升降电机运动极限位置，保护机器人运动部件
5	状态指示灯	机器人具有状态指示灯，用以显示当前机器人工作状态
6	涂料余量检测	机器人内置重量传感器，实时检测涂料余量，涂料不足时会有报警提示

表1-2 室内喷涂机器人相关参数

参数名称	参数值	单位
版本	V2.5	—
外形尺寸（长×宽×高）	980×780×1720	mm×mm×mm
工作续航	3	h
整机质量	230	kg
料桶容量	35	L
水箱容量	7.8	L
移动速度	≤0.3	m/s
喷涂高度	≤3200	mm
最大喷涂效率	≤180	m^2/h
最大爬坡角度	≤10	度（°）
最大越障高度	≤120	mm
最大越沟宽度	≤150	mm
机械臂工作半径	1200	mm
耗漆量	4.4	kg/m^2
喷涂厚度	50	μm
升降机设置最大上升高度	750	mm

1.2 智能喷涂机器人的发展与应用

1.2.1 智能喷涂机器人的发展

喷涂机器人属于工业机器人的一种特殊应用，其发展与工业机器人技术的发展息息相关。工业机器人的产生和发展主要源于国外，目前就机器人的发展情况来看，国内外的实际情况还是有所差异。

（1）国内发展

我国工业机器人技术虽然起步较晚，但经过多个五年计划的建设和国家863计划项目的大力推进，也有了突破性的进展。到了20世纪90年代，随着多个机器人产学研基地的建立，机器人技术不仅被广泛应用于汽车及装卸机械领域，又被推广到机械加工、电子工业领域。目前我国已在机器人的设计制造、软硬件控制、运动学分析以及轨迹规划方面掌握了相关的技术。在20世纪80年代，我国研制出第一台喷涂机器人并创建了第一条全自动机器人喷涂生产线。

近年来，国内喷涂机器人的发展在不断进步，主要体现在以下几个方面：

① 技术水平提升：随着国内工业自动化水平的不断提高，喷涂机器人的技术水平也在逐步提升。国内企业积极引进国外先进技术，并进行本土化改进和创新，使得国内喷涂机器人的性能和质量不断提升。

② 应用领域广泛：国内喷涂机器人的应用领域涵盖汽车制造、船舶制造、航空航天、家具制造、建筑装饰等多个行业。尤其是在汽车制造领域，国内喷涂机器人已经得到了广泛应用，并且在质量和效率上与国外先进水平不相上下。

③ 智能化与自动化程度提高：随着人工智能、机器学习和大数据技术的发展，国内喷涂机器人智能化和自动化程度不断提高。智能喷涂机器人可以通过学习和优化算法，自动调节喷涂参数，提高喷涂效率和质量。

④ 节能环保意识增强：国内对环境保护和节能减排的要求越来越高，因此喷涂机器人也在不断进行节能环保方面的技术改进。例如，采用低溶剂或水基涂料，优化喷涂工艺，减少废料和污染物排放等。

⑤ 自主创新能力强：国内一些企业和研究机构也在积极进行喷涂机器人的自主创新研发工作，推动着国内喷涂机器人行业的发展。一些企业已经取得了重大突破，推出了具有自主知识产权的高性能喷涂机器人产品。

与国外那些技术更先进的国家相比，我国喷涂机器人研发虽然起步晚，市场应用也不够完善，但国内的市场化发展十分迅猛，呈现出技术水平逐步提升、应用领域广泛、智能化与自动化程度不断提高、节能环保意识增强等特点。2017年，我国喷涂机器人市场销量达到1.9万台。随着国内制造业的转型升级和技术创新的不断推进，国内喷涂机器人行业有望在未来取得更大的发展。如表1-3所示为部分喷涂机器人厂商。

表1-3　喷涂机器人国内外厂商示例

序号	企业	机器人名称	示意图
1	展视网（北京）科技有限公司	智能喷涂机器人	
2	广东博智林机器人有限公司	室内喷涂机器人	
3	Myro Technologies	内墙粉刷机器人	

（2）国外发展

喷涂机器人产生和发展均起源于国外，目前喷涂机器人在国外已经是一项较为成熟的技术，自1986年首次探讨了喷涂机器人的编程技术，至今已有三十多年的研究和发展历史。进入21世纪之后，各领域科学技术的快速发展，更是进一步推动了国外喷涂机器人的广泛应用。

截至目前，欧美、日本等发达国家在喷涂机器人的研发应用上占据着主导地位，它们凭借着在喷涂机器人仿真技术、控制技术等方面积累下的大量生产经验和实验数据，使得喷涂机器人的设计与制造逐渐进入到产业化、规模化发展阶段，特别是在工业自动化和涂装领域。以下是一些关于国外喷涂机器人发展现状的要点。

① 技术进步与创新：国外的喷涂机器人领域一直在不断进行技术创新和改进。这些创新包括更高精度的喷涂控制、智能化的自适应喷涂系统、更高效的喷涂速度和更广泛的适用材料范围等。

② 自动化和智能化：随着人工智能和机器学习技术的发展，国外的喷涂机器人越来越智能化和自动化。这些机器人可以通过学习和适应来提高生产效率和喷涂质量，同时减少人为干预的需求。

③ 应用领域扩大：除了传统的汽车制造业，国外的喷涂机器人也被广泛应用于航空航天、船舶制造、建筑、家具制造等领域。这些领域对喷涂质量和效率有着严格的要求，因此对喷涂机器人的需求也在不断增加。

④ 环保和节能：环保和节能已经成为国外喷涂机器人发展的重要趋势。新型喷涂机器人系统通常设计为节能型，采用低溶剂或水基涂料，并且能够有效控制喷涂过程中的废料和污染物的排放。

⑤ 多机器人协作系统：为了提高生产效率和灵活性，国外一些企业开始采用多机器人协作系统。这些系统可以同时运行多个喷涂机器人，实现更快速的喷涂速度和更高的生产能力。

总的来说，国外喷涂机器人的发展现状呈现出技术不断创新、应用领域不断扩大、智能化程度不断提高、环保节能意识增强等特点。随着工业自动化的不断深入和人工智能技术的发展，喷涂机器人在未来将继续发挥重要作用，并不断推动着相关行业的发展。

1.2.2 智能喷涂机器人的应用

智能喷涂关键技术的应用及喷涂生产线的搭建，能够加速企业生产模式的升级，促进制造业的智能化进程。针对汽车、家具、五金、建筑装饰等多个领域，喷涂机器人及其技术的集成应用，代替了人工喷涂，大大提高了生产效率，缩短了生产周期，降低了生产成本，下面将主要介绍喷涂机器人的实际应用案例。

（1）智能喷涂机器人在卫浴行业的应用

亚克力卫浴产品是指玻璃纤维增强塑料卫浴产品，其表层材料是甲基丙甲酯，反面覆上玻璃纤维增强专用树脂涂层。目前，陶瓷卫浴产品表面釉料的喷涂已广泛采用机器人喷涂；亚克力卫浴产品表面玻璃纤维增强树脂材料的喷涂也有一些企业在研究采用喷涂机器人喷涂（图1-3）。随着玻璃纤维增强塑料复合材料在卫浴、汽车、航空航天、游艇等行业的广泛应用，喷涂机器人将会发挥出更大的作用。

（2）智能喷涂机器人在汽车行业的应用

汽车工业凭借其产量大、节拍快、利润率高等特点，成为喷涂机器人应用最广泛的行业，汽车整车、保险杠的自动喷涂率几乎100%。石雨磊等的应用表明，喷涂机器人在汽车涂装中的应用会大大减少流挂、虚喷等涂膜缺陷，漆面的平整度和表面效果等外观性能得到明显提升，见图1-4。同时，受汽车工业应用需求的驱动，喷涂工艺软件包和离线编程工作站得到了较为完善的开发，并发挥了重大作用。

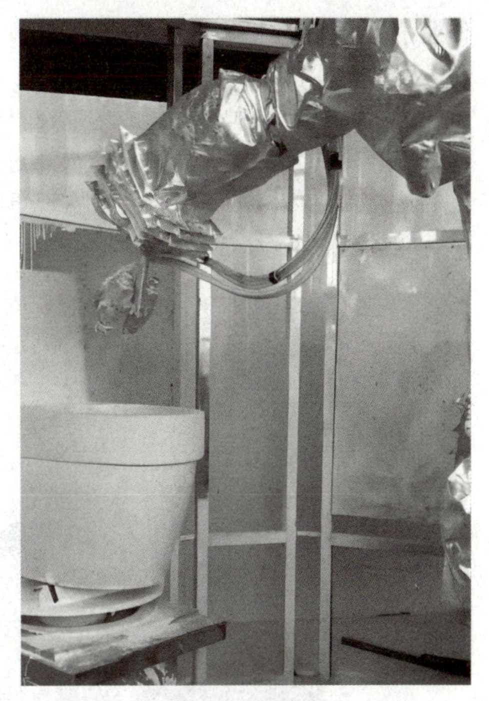

图1-3　喷涂机器人喷涂卫浴产品

此外，喷涂机器人在客车及重卡驾驶室喷涂也有一定的应用。比如李抗战等人将喷涂机器人用于喷涂重卡驾驶室中的面漆及罩光漆等。应用表明，采用喷涂机器人提高了涂装的外观质量，油漆及辅料消耗量减少了40%以上，大大降低了涂装的生产成本。吉学刚等研究了喷涂机器人在客车涂装中的经济效益，研究表明，若单体喷漆室机器人投资700万元，则预计2年左右即可完全收回总投资。

图1-4　喷涂机器人喷涂汽车零件

（3）智能喷涂机器人在建筑装饰行业的应用

智能喷涂机器人在建筑装饰行业已经有不少应用了，喷涂机器人通过先进的技术提高了喷涂效率和质量，减少了人工劳动，还能提高安全性。在作业过程中智能喷涂机器人可以连续工作很长时间，不需要休息。而且它们的喷涂速度通常比人工快得多，能大幅缩短施工时间。在保证速度的同时，这些机器人可以根据预设的参数均匀地喷涂墙面，避免了人工喷涂时可能出现的厚薄不均和漏喷现象。它们能精准控制喷涂量和喷涂路径，使得最终效果更加美观和一致，提高喷涂质量。在高空或者危险区域，人工喷涂可能会存在安全隐患。智能喷涂机器人可以替代工人在这些危险环境中工作，减少了安全事故的发生，在作业中的具体应用见图1-5。

尽管初期投资较高，但智能喷涂机器人可以精准控制喷涂材料的用量，减少浪费，节省了大量的人工成本、时间成本以及材料成本，同时也能降低对环境的污染水平，符合当前绿色环保的社会主流；且机器人通过连接到物联网和建筑信息模型（BIM）系统，可以更好地融入整体施工管理系统，实现更智能化的管理和控制，使得管理更加规范化，避免了一些潜在的风险。长期来看，使用智能喷涂机器人可以降低总体施工成本。

图1-5 喷涂机器人喷涂建筑墙面

1.3 智能喷涂机器人的分类及特点

1.3.1 智能喷涂机器人的分类

当前国内外喷涂机器人相关技术和应用发展迅猛，各式各样的喷涂机器人被生产并应用。根据目前市面上所流行和通用的喷涂机器人进行总结，按照喷涂机的不同可将喷涂机器人分为有气喷涂机器人和无气喷涂机器人。

① 有气喷涂机器人。有气喷涂机器人也称低压有气喷涂，喷涂机依靠低压空气使油漆在喷出枪口后形成雾化气流作用于物体表面（墙面或木器面）。有气喷涂相对于手刷而言无刷痕，而且平面相对均匀，单位工作时间短，可有效地缩短工期。但有气喷涂有飞溅现象，存在漆料浪费，在近距离查看时，可见极细微的颗粒状。一般有气喷涂采用装修行业通用的空气压缩机，相对而言一机多用、投资成本低，市面上也有抽气式有气喷涂机、自落式有气喷涂机等专用机械，如图1-6所示为用于汽车车体喷涂的有气喷涂机器人。

② 无气喷涂机器人。无气喷涂机器人可用于高黏度油漆的施工，而且边缘清晰，甚至可用于一些有边界要求的喷涂项目。视机械类型，其可分为气动式无气喷涂机、电动式无气喷涂机、内燃式无气喷涂机、自动喷涂机等多种。另外要注意的是，如果对金属表面进行喷涂处理，最好是选用金属漆（磁漆类），如图1-7所示为常见的一类无气喷涂机器人。

图1-6　有气喷涂机器人喷涂汽车车体

图1-7　无气喷涂机器人

智能喷涂机器人根据其应用领域、技术特点和喷涂材料的不同，可以分为几个主要类别。

（1）按应用领域分类

① 汽车行业喷涂机器人：用于汽车车身、零部件的涂装，通常需要高精度和高效的喷涂技术。

② 家具行业喷涂机器人：用于家具表面的涂装，可能需要适应不同形状和大小的家具。

③ 建筑行业喷涂机器人：用于建筑外墙、室内装修等，可能需要在不同的环境和条件

下工作。

（2）按技术特点分类

① 往复式喷涂机器人：适用于小面积或复杂形状的物体，机器人在预定轨迹上往复运动进行喷涂。

② 龙门式喷涂机器人：适用于大面积物体的喷涂，机器人在龙门架上移动，覆盖更大的工作区域。

③ 六轴喷涂机器人：具有更高的灵活性和适应性，能够处理复杂形状的物体和精确的喷涂任务。

（3）按喷涂材料分类

① 油漆喷涂机器人：使用传统油漆作为喷涂材料，适用于汽车、家具等行业。

② 粉末喷涂机器人：使用粉末涂料，适用于金属表面的涂装，具有环保和耐腐蚀的特点。

③ 胶水喷涂机器人：用于施加胶水或其他黏合剂，常见于包装、组装等应用。

（4）按控制方式分类

① 在线控制喷涂机器人：通过中央控制系统实时控制机器人的喷涂动作。

② 离线编程喷涂机器人：通过预先编制的程序进行喷涂，适用于批量生产和小批量定制。

（5）按自动化程度分类

① 全自动喷涂机器人：完全自动化操作，无须人工干预。

② 半自动喷涂机器人：部分操作需要人工干预，如换色、换喷枪等。

智能喷涂机器人的分类反映了其在不同行业和应用中的适应性。随着技术的发展，这些分类可能会变得更加细化，或者出现新的类型，以满足不断变化的市场需求。

1.3.2 智能喷涂机器人的特点

喷涂机器人主要由机器人本体、计算机和相应的控制系统组成，属于工业机器人范畴，带有腕部结构的刚性串联机械臂通常可以实现较大工作空间和较为灵活的工作姿态，能较好地满足喷涂过程中对姿态灵活变换的需求，喷涂机器人具有许多特点，其中一些主要的特点如下。

① 精确度和一致性：喷涂机器人可以精确控制喷涂参数，如喷涂厚度、喷涂速度和喷涂角度，从而确保涂装的精确度和一致性。

② 高效率：喷涂机器人通常能够以更快的速度完成涂装任务，相比手工涂装，能够大大提高生产效率。

③ 自动化：喷涂机器人能够自动执行喷涂任务，无须人工干预，从而降低了人力成本，并且可以在连续的生产线上持续工作。

④ 适应性：喷涂机器人通常具有良好的适应性，可以适应不同形状、大小和材料的工件，从而适用于各种不同的应用场景。

⑤ 精细调节：喷涂机器人通常具有精细调节功能，可以根据需要调整喷涂参数，如喷涂厚度和喷涂效果，以满足不同的涂装要求。

⑥ 节能环保：一些喷涂机器人采用低溶剂或水基涂料，可以减少挥发性有机化合物（VOC）的排放，从而更加环保。

⑦ 数据记录与分析：一些喷涂机器人具有数据记录和分析功能，可以记录喷涂过程中的关键参数，并进行分析和优化，以进一步提高喷涂质量和效率。

这些特点使得喷涂机器人在工业生产中具有重要的作用，被广泛应用于汽车制造、航空航天、家具制造、建筑装饰等领域。

1.4 智能喷涂机器人的优势、价值与面临的挑战

1.4.1 智能喷涂机器人的优势

① 清洁系统　喷涂机器人自带清洁系统，有两种清洁方式，可实现喷涂机器人的自动清洁。

② 机器人控制系统　机器人协同控制软件对喷涂空间进行方案策划及路径规划，根据规划进行机器人自动喷涂作业。

③ 节省材料　由于智能喷涂机器人的精确控制，可以减少涂料的浪费，节省喷涂材料及人工成本60%以上。

④ 喷涂效率高　喷涂机器人综合喷涂效率可达$180m^2/h$，为人工喷涂作业的3倍以上。同时可以24h不间断工作，大大提高了工作效率，减轻了工人劳动强度。它们能够自主导航，合理规划喷涂路径，避免重复喷涂和遗漏，从而确保喷涂工作的高效性和均匀性。

⑤ 喷涂高度　喷涂机器人高度可达4.2m，满足建筑工地室内喷涂作业要求。

⑥ 自主导航　激光SLAM导航实现自主导航，使用六轴机器人，使机器人喷涂作业更灵活。

⑦ 喷枪压力调节　喷枪压力可调节，实现不同的雾化效果，满足不同的喷涂需求。

⑧ 高精度　激光导航结合精准控制喷涂高度技术，喷涂均匀，无斑点、色差。

⑨ 稳定性　机器人稳定性高。主要包含以下几个方面。

a. 机械稳定性：喷涂机器人的机械结构稳固，能够在长时间的连续工作中保持精度和性能。

b. 控制系统稳定性：喷涂机器人的控制系统具备高度的稳定性和可靠性，确保机器人运动和喷涂操作的一致性。同时，喷涂机器人的控制系统能有效抑制外部干扰，维持喷涂过程的平稳运行。

c. 喷涂参数稳定性：喷涂参数包括喷涂压力、喷涂速度、喷涂距离等，这些参数的稳定直接关系到喷涂质量的稳定。智能喷涂机器人采用先进的传感器和闭环控制系统，实时监测和调整喷涂参数，以确保最佳的喷涂效果。

d. 环境稳定性：喷涂机器人具备防水、防尘、抗震的特性，喷涂机器人能够在不同的工作环境下稳定运行，如温度、湿度、振动等因素的变化均不会影响喷涂性能。

e. 软件稳定性：喷涂机器人所搭载的软件系统具有高度的稳定性和容错能力，从而可以避免因软件故障导致的喷涂过程中断或质量问题。

f. 电源稳定性：机器人的电源系统可以保证稳定供电，避免电压波动导致喷涂效果变化。

⑩ 覆盖率　可对室内墙面进行自动喷涂作业，自动作业覆盖率可达90%以上。

⑪ 续航　喷涂机器人续航可达3h，实现机器人连续喷涂作业。

⑫ 高质量　精确控制喷涂作业参数，涂料漆膜厚度均匀、无流坠、无漏喷。

⑬ 安全环保　噪声低，环保施工。智能喷涂机器人可以在危险或难以到达的地方进行喷涂作业，降低工人接触有害物质的风险，提高施工的安全性。

1.4.2 智能喷涂机器人的价值

① 质量　能有效解决涂料喷涂施工中存在的漏喷、喷涂不均匀问题。

② 效率　相较于传统人工，喷涂作业效率可提升至人工的3～5倍。

③ 安全　喷涂过程无人化，降低喷雾扩散危害。

④ 成本　机器人一次投入，长期使用，均摊成本低，相较于人工劳务费用，具有较大优势。

⑤ 工作模式　智能喷涂机器人具有远程遥控、自主工作两种工作模式，可以实现远程演示、教学。

⑥ 喷涂机器人虚拟教学平台　通过平台，实现师生自主项目设计、喷涂工艺参数调整、喷涂方案优化、喷涂现场作业等；可满足喷涂机器人工艺模拟、程序控制、安全操作、模拟实训等教学开展。加强学生对理论知识的认知、理解，掌握智能建筑喷涂机器人操作及施工应用场景的相关知识，从而提升教学质量，降低教学成本。

1.4.3 智能喷涂机器人面临的挑战

智能喷涂机器人的发展不仅推动了制造业的自动化进程，也为企业带来了提高效率、降低成本的可能性。然而，在追求技术进步的同时，该领域也面临着一系列挑战。

① 标准化建设与法规遵从　标准化是行业发展的重要基石，它不仅影响产品质量的一致性，还直接关系到市场的健康发展。同时，企业必须密切关注政府法规的变化，确保产品和服务符合最新的政策要求，这为后续的技术创新和发展提供了指导框架。

② 核心部件国产化与供应链管理　在标准化的基础上，实现关键零部件如高性能交流伺服电机、精密减速器等的国产化，对于打破国外技术垄断、增强供应链的安全性和可控性至关重要，这是提升国内企业在高端市场竞争力的基础。

③ 技术创新与成本控制　基于前两项提供的稳固基础，企业需要不断投入研发资源以提高机器人的智能化程度、环境感知能力、决策能力和集成先进技术的能力。与此同时，降低初始投资和运行成本对于提高中小企业的接受度至关重要，这将直接影响产品的市场普及率。

④ 产品质量与服务水平　随着市场竞争加剧和技术进步，制造商不仅要保证高精度的喷涂效果，还需要提供优质的售后服务和技术支持，包括完善的培训体系，帮助客户掌握设备操作，从而巩固市场份额。

⑤ 专业人才培养　行业快速发展对具备机械工程、电气控制、计算机编程等多学科背

景的专业人才提出了更高要求。教育机构应加强相关课程设置，培养适应市场需求的技术人才，以满足行业发展的长远需求。

⑥ 安全可靠性与数据保护 确保智能喷涂机器人在复杂工业环境中稳定、可靠地运行，并且符合各种安全标准；此外，还需重视数据安全与隐私保护，防止信息泄露或滥用，这对于维护企业和用户的利益非常重要。

⑦ 市场接受度与跨领域合作 最后，在解决了技术和成本问题之后，提升市场认知度和信任度，通过案例分享、现场演示等方式展示产品的可靠性和经济效益，成为推动市场扩展的关键。同时，促进不同技术领域的专家团队交流合作，加速技术创新和产品迭代，共同开拓市场。

1.5 智能喷涂机器人的组成

1.5.1 机械系统

机械系统是指由一系列的机械部件组成的系统，这些部件通过相互作用和配合来完成特定的运动或任务。机械系统通常包括传动装置、执行机构、支撑结构和控制元件等，它们可以将输入的能量转换为有用的机械功或实现特定的机械运动。

机械系统也可以指代一个设备或机器的物理结构部分，包括机身、框架、支撑、连接件等。这些结构具有支撑、定位和传递动力的功能，是设备或机器正常工作的基础。

以喷涂机器人为例，机械系统主要包括机身、关节、臂杆、手腕、末端执行器和行走机构等部分，如图1-8所示，它们共同构成一个能够实现精确喷涂操作的复杂机械系统。这个系统需要具备足够的精度、稳定性和可靠性，以满足工业生产的要求。

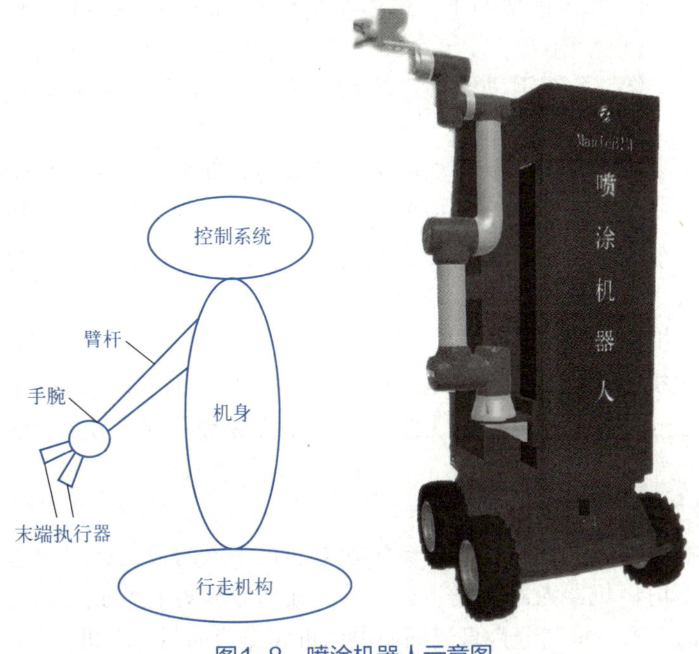

图1-8 喷涂机器人示意图

1-2 喷涂机器人构成讲解

① 机身　机身是喷涂机器人的主体部分，考虑到机器人的负载能力、工作范围和运动特性，通常由金属制成，用于支撑和固定其他部件。

② 关节　关节是机器人运动的关键部分，它们通过电机、减速器等驱动元件实现旋转和伸缩。关节的数量和类型决定了机器人的自由度，常见的关节类型有关节式、直角坐标式、圆柱坐标式和球面坐标式等。

③ 臂杆　臂杆连接关节，形成机器人的臂架结构。臂杆的设计需要考虑到强度、刚度和重量，以保证机器人在运动过程中的稳定性和精确性。

④ 手腕　手腕是连接末端执行器（喷枪）和臂杆的部分，负责承载喷枪并实现其在空间中的定位。手腕通常具有多个自由度，用于调整喷枪的方向和位置。

⑤ 末端执行器　末端执行器即喷枪，是直接执行喷涂作业的部件。它需要与机器人手腕配合，实现精确的喷涂轨迹和喷涂参数控制。

⑥ 行走机构　行走机构是指在其工作环境中移动的装置，它可以是一个单独的系统或者集成在机器人本体中的一部分。行走机构使得喷涂机器人能够在较大的工作区域内自由移动，从而提高工作效率和加大覆盖范围。行走机构的基本结构主要包括支撑的固定底座、动力传递机构、动力机构、导向机构、机器人安装移动台、限位装置、防尘机构及其行走附件等，可以应用于各种不同的场景，以明确行走机构的适用范围。常见的行走机构类型有轮式、腿式、轮腿复合式等。

1.5.2 驱动系统

驱动系统主要指驱动机械系统动作的装置，驱动系统的作用相当于人的肌肉。根据驱动源的不同可将驱动系统划分为电气驱动系统、液压驱动系统和气压驱动系统，这几类驱动系统的特点各不相同。

① 电气驱动系统：使用能源简单，机构速度变化范围大，效率高，精度高，使用便捷且易于控制。

② 液压驱动系统：系统运动平缓，驱动功率大且易于实现过载保护，适用于重物搬运。

③ 气压驱动系统：能源及结构相对简单，同体积下功率小于液压驱动系统。

驱动系统是喷涂机器人的核心组成部分之一，负责提供运动控制和动力输出，以实现精确的喷涂作业，驱动系统的核心内容为驱动电动机，目前市面上常见的电动机主要有以下几种。

（1）直流电动机

直流电动机是机器人平台的标准电动机，其功率调节范围宽泛，性价比高，是当前最为通用的电动机之一，如图1-9所示。根据电动机工作原理不同可分为有刷直流电动机和无刷直流电动机。

（2）伺服电动机

伺服电动机能够将接收到的电信号转化为电动机轴上的角位移或角速度输出，其特点是在没有自转指令时，机器人不会发生自转，转速随着转矩的增加而匀速下降，如图1-10所示。根据电流的不同可将其分为直流伺服电动机和交流伺服电动机。

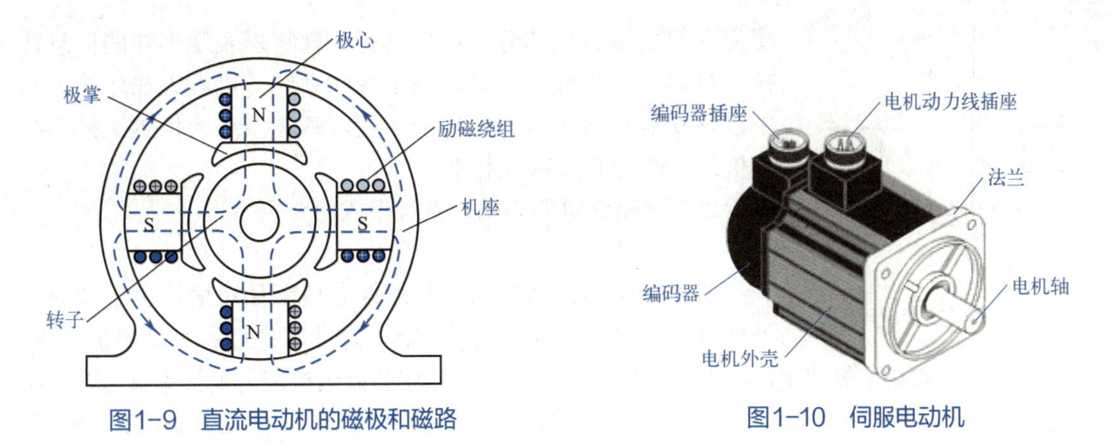

图1-9 直流电动机的磁极和磁路

图1-10 伺服电动机

（3）步进电动机

步进电动机是一种把开关激励的变化变换成精确的转子位置矢量运动的执行机构，可将电脉冲转化为角位移，此电动机具备惯量小、定位精度高、无累计误差、控制简单等特点。因其为四速大转矩设备，传输距离短，因此可靠性更高。根据结构不同可分为机电式步进电动机（图1-11）、永磁式步进电动机（图1-12）。

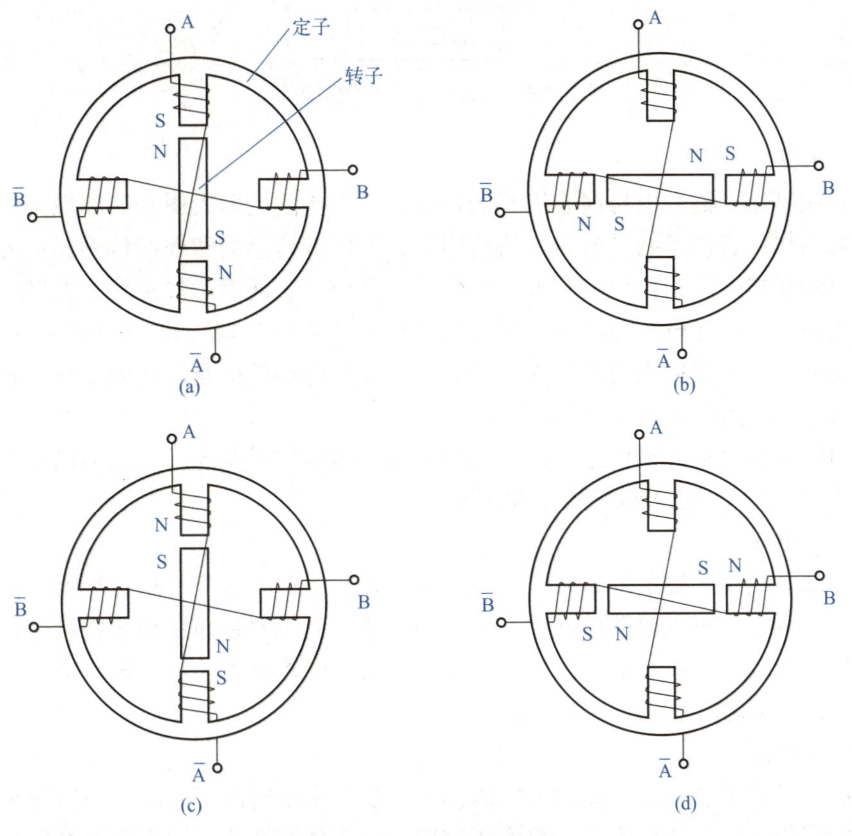

图1-11 机电式步进电动机

1.5.3 感知系统

感知系统本质上是一个由众多传感器组成的系统，是喷涂机器人实现自主操作和与环

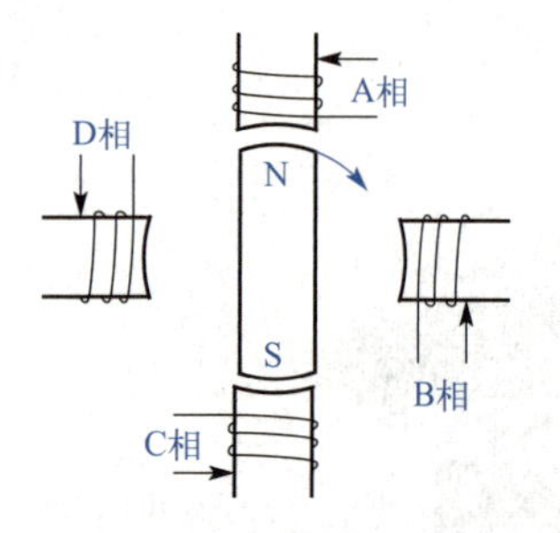

图1-12　永磁式步进电动机

境交互的关键组成部分，可将具有某种物理表现形式的信息转换为机器人可处理的信息。基于感知系统，机器人在作业过程中可感知自身运行状态和周围环境，感知系统的优劣直接影响到机器人的智能性和自主性。

以下是喷涂机器人感知系统组成的介绍。

（1）视觉系统

视觉系统通常由摄像头和图像处理软件组成，用于捕获和处理机器人工作区域的图像信息。这些图像信息可以用于定位、识别工件、检测缺陷等应用，从而帮助机器人实现自主操作和精确控制。视觉系统通常由图像感知传感器、感知控制机构、图像采集卡、图像处理单元及视觉算法组成，如图1-13所示。

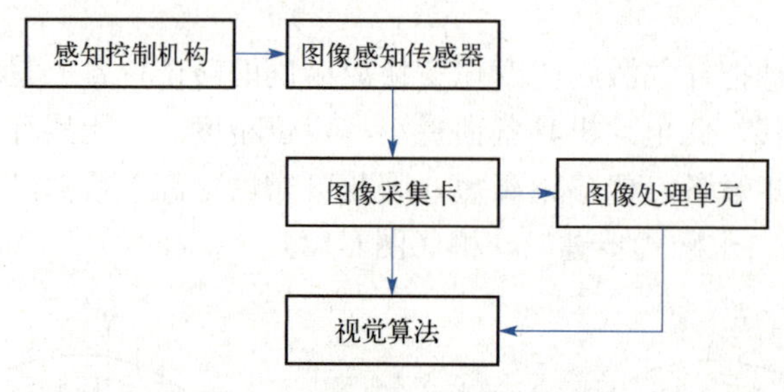

图1-13　喷涂机器人视觉系统组成

（2）传感器

传感器在喷涂机器人中扮演着重要的角色，用于检测机器人周围的环境条件和工件的状态。根据工作内容的不同，机器人的传感器分为内部传感器和外部传感器：内部传感器主要用来检验机器人内部系统的状况，如各关节的位置、速度、加速度、温度、电动机速度、电动机荷载、电池电压等，并将所得的信息反馈至控制器，形成闭环控制；外部传感器主要用于获取有关机器人的作业对象及外界环境等方面的信息，比如距离、声音、光线等，是机器人与周围环境交互的信息渠道。

常见的传感器包括激光传感器、压力传感器、温度传感器等，它们可以提供关键的实时数据，帮助机器人做出准确的决策和调整。

（3）位姿感知

位姿感知系统用于确定机器人在空间中的位置和姿态。这些信息对于喷涂机器人来说至关重要，因为它们可以帮助机器人校正运动姿势，克服复杂地形和一些障碍，保障机器人的平稳运行，决定了喷涂的准确性和一致性。常用的测量方法包括编码器、惯性测量单元（IMU）和全球定位系统（GPS）等。

（4）环境感知

喷涂机器人需要能够感知周围环境的条件，以便在不同的工作场景中适应和调整。环境感知系统可以包括气体传感器、湿度传感器、风速传感器等，用于检测空气质量、湿度和风速等参数，从而影响喷涂过程的稳定性和质量。

（5）安全系统

安全系统是保障喷涂机器人和操作人员安全的重要组成部分。它可以包括触发式安全装置、光纤传感器、紧急停止按钮等，用于监测潜在的危险情况并及时采取措施以避免事故发生。

通过合理设计和配置感知系统，喷涂机器人可以实现自主感知、决策和行动，从而提高工作效率、准确性和安全性，适应不同的工作场景并满足需求。

1.5.4 控制系统

机器人控制系统的主要任务是接收来自传感器的检测信号，并根据系统所传递的信息，驱动机械臂中的电动机。通过传感器可以实现信息传递，通过驱动系统和控制器的协同工作来执行任务。

机器人控制系统是由控制主体、控制客体和控制媒体共同组成，具有自身目标和功能的管理系统，主要是为了实现对控制对象的精确控制，使其达到预定的理想状态。

（1）机器人控制系统的特点

机器人的控制技术是在传统机械系统的基础上发展起来的，因此两者之间较为相似，但机器人控制系统有很多特殊之处。其特点如下：

① 机器人控制系统本质上是一个非线性系统。引起机器人非线性的因素有很多，比如机器人的结构、传动件、驱动元件等都会引起控制系统的非线性。

② 机器人的本身结构比较复杂，机器人控制系统是由多个关节组成的一个多变量控制系统，且各关节间具有耦合作用。具体表现为某一关节的运动都会对其他关节产生动力效应，每一个关节都会受到其他关节运动所产生的扰动。因此，在工业机器人的控制当中经常使用前馈、补偿等复杂控制技术。

③ 机器人系统是一个时变系统，其动力学参数随着关节运动位置的变化而变化。

④ 机器人需要对环境条件、控制指令进行测定和分析，采用计算机建立庞大的信息库，用人工智能的方法进行控制、决策、管理和操作，按照给定的要求，自动选择最佳控制规律。

（2）喷涂机器人控制系统的基本要求

喷涂机器人的控制系统是确保机器人准确、高效地完成喷涂作业的关键部分。这种控制系统通常需要结合机械设计、自动化控制、计算机视觉和人工智能等多个领域的技术。以下是喷涂机器人控制系统的一些基本要求。

① 精确的位置控制：为了确保高质量的喷涂效果，控制系统需要精确地控制机器人的位置和运动轨迹。

② 动态调节：喷涂过程中，机器人可能需要根据工件的形状和大小动态调节喷涂参数，如喷枪的角度、距离和喷涂时间等。

③ 喷涂参数优化：控制系统要能够调整和优化喷涂压力、流量、转速等参数，以适配不同涂料和工件要求。

④ 环境适应性：在面对不同的工作环境和涂料特性时，控制系统要能够使机器人快速适应，保证喷涂质量。

⑤ 安全性与防护：控制系统要确保机器人在操作过程中遵守安全规范，同时对电机、气动装置等进行监控，以防过热或损坏。

⑥ 可视化与监控：提供友好的用户界面，包括图形化的操作界面和实时的监控系统，

方便操作员跟踪喷涂过程和状态。

⑦ 故障诊断与排除：控制系统应具备故障诊断和报警功能，当发生异常情况时，能够及时通知操作员并尝试自动恢复。

⑧ 可编程性和灵活性：为了适应不同产品和生产要求，控制系统需要有高度的可编程性，便于通过软件更改作业程序。

⑨ 数据记录与分析：系统应能记录喷涂数据，如喷涂时间、涂料消耗量等，以便于后续的质量追踪和生产效率分析。

1.5.5 喷涂系统

喷涂系统是喷涂机器人的主要功能和作业部分，是喷涂机器人重要组成系统之一。喷涂机器人的喷涂系统组成如下。

（1）喷头

喷头是喷涂系统的核心部件，它负责将涂料以特定的压力和形状喷射到目标表面上。喷头通常可以调节喷涂角度、宽度和压力，以适应不同的喷涂需求，如图1-14所示是目前市面上常见的喷涂机器人喷头。

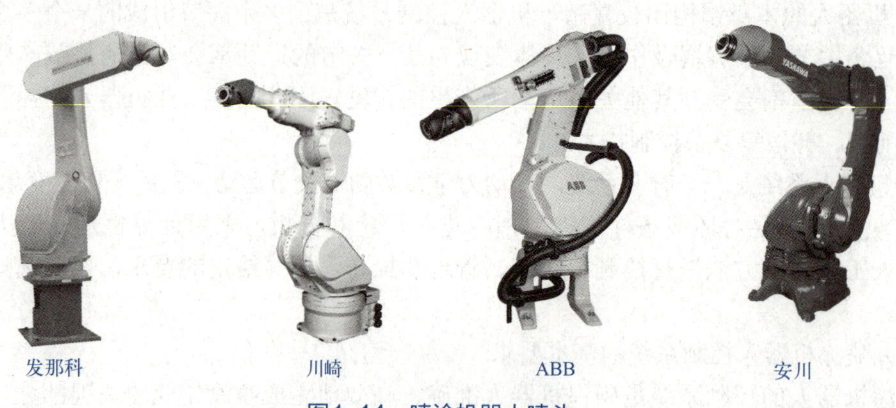

图1-14 喷涂机器人喷头

（2）储料系统

储料系统负责为机器人作业储备涂料，一般情况下在机器人机身位置会有一个料桶，该装置即为机器人的储料系统，料桶有一定的容量，在使用前应根据使用说明添加涂料，避免造成机器人故障。

将涂料从存储容器输送到喷头，这通常通过泵（如隔膜泵、柱塞泵等）实现，确保涂料以稳定和恒定的流量供给。

（3）传输系统

传输系统负责将涂料从存储容器输送到喷头。传输系统一般以喷涂管为主，连接喷头和机器人料桶，由于喷头位置不固定，灵活变动，涂料的稳定传输有一定难度。

（4）涂料回收系统

在自动喷涂过程中，部分涂料可能不会附着在被涂物体上。涂料回收系统可以收集这些溢出的涂料，进行过滤后重新利用，以减少材料浪费和降低环境污染。

小结

在本章中，首先介绍了智能喷涂机器人的概况，包括发展背景、基本概念以及室内喷涂机器人的功能，然后进一步探讨了智能喷涂机器人的发展和应用领域；为了能够更好地了解喷涂机器人，还介绍了智能喷涂机器人的分类和特点；同时，详细地描述了智能喷涂机器人的优势、价值以及目前和未来将会面临的一些挑战；最后在这些基础上，对智能喷涂机器人的组成系统也进行了深入介绍，包括机械系统、驱动系统、感知系统、控制系统以及喷涂系统。

能力训练题

一、填空题

1. 喷涂机器人最初的设计目的是解决__________中车身涂装的重复劳动和__________问题。

2. 进入21世纪后，喷涂机器人逐步实现了__________和__________，更加注重环保，减少了__________的排放。

3. 喷涂机器人又称为__________，是一种可以用于__________或者喷涂其他涂料的工业机器人。

4. 喷涂机器人的优点包括：__________、__________、__________、__________。

5. 世界上第一台喷涂机器人是__________年由挪威Trallfa公司（后并入了ABB集团）发明的。

6. 在喷涂设备中可将喷涂机器人分为：仿形喷涂机器人、__________、无气喷涂机器人、__________。

7. 机器人采用__________方式，整个系统可靠性高，组态可灵活调整，编程方便，调试及维护简单。

二、选择题

1. 我国第一台喷涂机器人诞生于（　　）。

A. 1970年　　B. 1980年　　C. 1990年　　D. 1969年

2. 国外数据统计显示，采用仿形喷涂机器人进行作业，喷房内部尺寸和排风量分别减少（　　）。

A. 1/3，2/3　　B. 2/3，2/3　　C. 1/3，3/5　　D. 2/3，3/5

3. 下列机器人中可用于高黏度油漆的施工的是（　　）。

A. 无气喷涂机器人　　B. 有气喷涂机器人

C. 仿形喷涂机器人　　D. 六轴喷涂机器人

4. 喷涂机器人综合喷涂效率可达（　　），为人工喷涂作业的3倍以上。

A. 175m^2/h　　B. 180m^2/h　　C. 185m^2/h　　D. 190m^2/h

5. 喷涂机器人主要由机械系统、驱动系统、(　　)、控制系统、喷涂系统五大系统组成。

A. 感知系统　　B. 行走系统　　C. 检测系统　　D. 测量系统

6. 目前市面上较为常见的几类驱动系统电动机包括直流电动机、伺服电动机、(　　)。

A. 交流电动机　　B. 步进电动机

C. 有刷直流电动机　　D. 混合式步进电动机

三、判断题

1. 伺服电动机是机器人平台的标准电动机，其功率调节范围宽泛，性价比高，是当前最为通用的电动机之一。(　　)

2. 感知系统可将物理表现形式的信息转换为机器人可处理的信息，是喷涂机器人实现自主操作和与环境交互的关键组成部分。(　　)

3. 机器人控制系统本质上是一个非线性系统。(　　)

4. 传输系统负责将涂料从存储容器输送到喷头，是喷涂机器人最核心的组成构件。(　　)

四、简答题

1. 试述电气驱动系统、液压驱动系统和气压驱动系统的特点。

2. 简述机器人控制系统的特点。

3. 简述机器人控制系统的基本要求。

五、实践题

对智能喷涂机器人各组织结构进行学习和辨认。

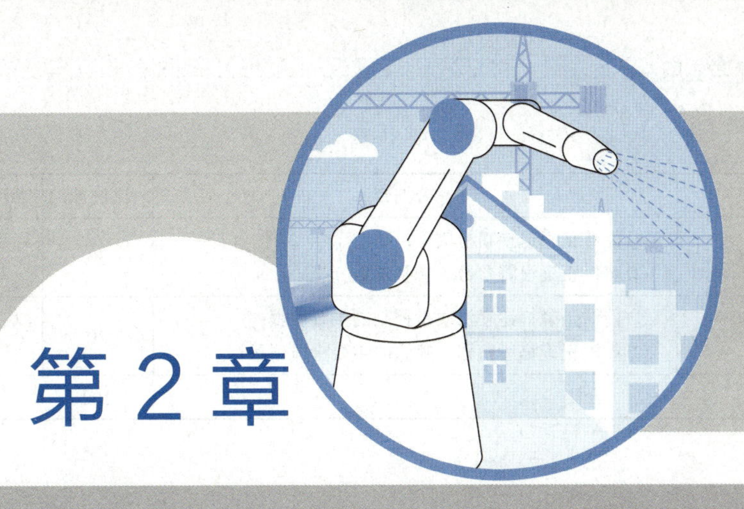

第 2 章

智能喷涂机器人的喷涂技术

知识要点

智能喷涂机器人的喷涂原理和喷涂技术；常见的喷涂设备与喷涂材料；喷涂工艺与相关喷涂参数；喷涂质量控制以及质量检验。

能力要求

掌握智能喷涂机器人的喷涂原理和喷涂技术；熟悉各种涂料的特性与适用范围；熟悉各种喷涂设备（如空气喷枪、重力喷枪等）；掌握喷涂参数设置（如压力、喷涂距离、喷涂速度、喷涂角度设置等）对涂层质量的影响，并能够根据不同的喷涂材料调整合适的参数；掌握喷涂质量控制以及质量检验。

素质目标

弘扬工匠精神；强化理论与实践结合，践行实事求是、知行合一的科学态度；培养创新思维和解决问题的能力。

评分表

序号	任务（技能）	评分细则	比例/%	得分/分
1	了解喷涂原理与设备	① 能够正确描述喷涂机器人的基本原理； ② 能准确区分不同的设备类型	20	
2	认识喷涂材料及工艺	① 能够正确认识不同的喷涂材料； ② 能够准确描述喷涂的工艺环节	30	

续表

序号	任务（技能）	评分细则	比例/%	得分/分
3	参数设置及调整	① 能够正确选择喷枪类型； ② 可以正确设置参数、调整参数	30	
4	掌握质量检验	① 能够正确描述喷涂质量控制的主要步骤； ② 能够正确描述机器人喷涂的主要检验项目	20	
合计			100	

2.1 喷涂原理与技术

2.1.1 喷涂原理

智能喷涂机器人是一种自动化设备，它使用传感器、控制系统和机械手臂来模拟人类的喷涂动作，以高效、精确和一致的方式完成涂装作业。其喷涂原理主要包括以下几个方面：

① 机械结构：智能喷涂机器人通常具有多个自由度的关节式机械手臂，可以灵活地在三维空间内移动，以达到对工件的各个部位进行喷涂的目的。

② 控制系统：机器人内置的计算机控制系统负责监控和调节喷涂过程中的各项参数，如喷涂速度、涂料流量、喷枪距离等，确保喷涂质量的一致性。

③ 传感器技术：机器人配备有各种传感器，如距离传感器、视觉传感器等，用于检测工件的形状、尺寸和位置信息，以及喷涂过程中可能出现的问题，如喷涂过量等。

④ 软件算法：高级软件算法能够处理来自传感器的数据，并作出实时决策，调整机械手臂的动作和喷涂参数，以适应不同工件和喷涂要求。

⑤ 喷涂设备：智能喷涂机器人通常与高质量的喷涂设备配合使用，如喷枪、涂料泵等，这些设备可以精确地控制涂料的雾化效果和喷涂压力，以实现高质量的涂层。

⑥ 环境适应性：为了应对不同的工作环境，如封闭的喷涂室或开放的空间，智能喷涂机器人可以配备相应的辅助设备，如空气净化系统、防爆设计等。

通过上述原理，智能喷涂机器人能够在减少人为误差、提高生产效率、降低环境污染等方面展现出显著优势。随着技术的不断发展，智能喷涂机器人的应用范围也在不断扩大，从汽车制造到航空航天与建筑装饰，从小型零件到大型结构，它们在现代工业生产中扮演着越来越重要的角色。

2.1.2 喷涂技术

智能喷涂机器人的喷涂技术涵盖了多个方面，包括硬件设备、控制系统、软件算法以及工艺优化等。以下是一些关键的喷涂技术要点：

① 伺服控制系统：高精度的伺服电机和控制技术用于驱动机器人手臂，确保在喷涂过程中达到微米级别的定位精度和轨迹重现性。

② 喷枪技术：使用高品质的喷枪，配合自动调节功能，以适应不同的喷涂要求和涂料特性。喷枪的雾化效果、喷幅、涂料流量和气压等参数可通过控制系统进行精细调节。

③ 涂料处理系统：涂料的输送、混合、循环和过滤系统设计，确保涂料稳定供给并保持一致的喷涂效果。智能监测涂料的黏度、压力和温度，以实时调整喷涂参数。

④ 人工智能和机器学习：采用人工智能算法预测最佳喷涂参数，根据历史数据学习并优化喷涂过程。自适应控制能够自动调整喷涂参数以应对生产过程中的变化。

⑤ 环境控制：控制喷涂室内的温湿度，确保涂层的固化质量和喷涂效率。排风和过滤系统维持良好的空气质量，减少过度喷涂和有害气体的影响。

⑥ 安全与防护：配备安全围栏、光幕等安全设施，确保操作人员的安全。报警系统和紧急停止按钮用于应对突发情况。

⑦ 人机交互（HMI）界面：通过图形用户界面，操作员可以方便地监控和调整机器人的运动和喷涂设置。

综上所述，智能喷涂机器人的喷涂技术不断进步，逐渐融入更多的自动化和智能化元素，旨在提高生产效率，实现高质量的喷涂生产。

2.2 喷涂设备与材料

2.2.1 喷涂设备

喷涂设备在多个领域都具有重要的价值和意义，在保证产品质量的前提下提高生产效率、减少资源浪费、改善工作环境、保护环境以及适应不断变化的市场需求。随着科技的进步，喷涂设备将继续发展，为各行业提供更高效、更环保、更经济的解决方案。以下是常见的一些喷涂设备类型。

① 手动喷涂设备：这类设备主要是为手工操作设计的，包括手动喷枪、压力罐等，适用于小规模生产和维修工作。

② 自动喷涂设备：这类设备可以集成到自动化生产线上，包括自动喷枪、机器人喷涂系统等，适用于大规模、高效率的生产。

③ 空气喷涂设备：这种设备使用压缩空气将涂料雾化并喷涂到表面。它提供了一种简单且成本效益高的方法，但可能不适用于所有类型的涂料和基材。

④ 高压无气喷涂设备：这种设备通过高压将涂料直接喷出，无须使用空气。这使得它能够处理较重的涂料，并适用于大型项目，如船舶和汽车的涂装。

⑤ 粉末喷涂设备：这种设备使用静电原理将粉末涂料吸附到金属或其他导电表面。这种方法提供了高效率和环保的优势，因为未吸附的粉末可以回收再利用。

⑥ 静电喷涂设备：这种设备利用静电场将带电的涂料粒子吸引到被涂物上。这种方法可以提高涂料的利用率，并提供高质量的涂层。

每种设备都有其独特的优点和适用范围，选择哪种设备通常取决于具体的应用需求和生产环境。

喷涂机器人的优势在于配备有专门的喷涂设备，可以实现精确喷涂，减少浪费，提高生产效率，并能在危险或重复劳动的环境中代替人工，如图2-1所示为常见智能喷涂机器人各部分结构组成。同时，通过编程可以轻松改变喷涂模式和轨迹，适应不同的产品和工艺要求。这些喷涂设备可能包括以下部分。

- 喷枪：喷涂设备的核心部分，它将雾化后的涂料均匀地喷洒在被涂物上。喷枪可以手动操作，也可以通过机器人手臂自动控制。
- 压力泵：作用是提供必要的压力，将涂料从容器中输送到喷枪。它可以是气动的或电动的，取决于具体的设备和应用场景。
- 调节阀：用于控制涂料的流量和喷涂压力，确保喷涂效果的一致性和涂层的质量。
- 高压软管：负责连接压力泵和喷枪，输送涂料。
- 控制系统：喷涂机器人的大脑，它负责控制所有设备的运行，包括机器人手臂的运动轨迹、喷枪的开启和关闭等。
- 辅助设备：这可能包括用于混合涂料的设备、清洗喷枪的设备以及其他有助于提高喷涂效率和质量的工具。

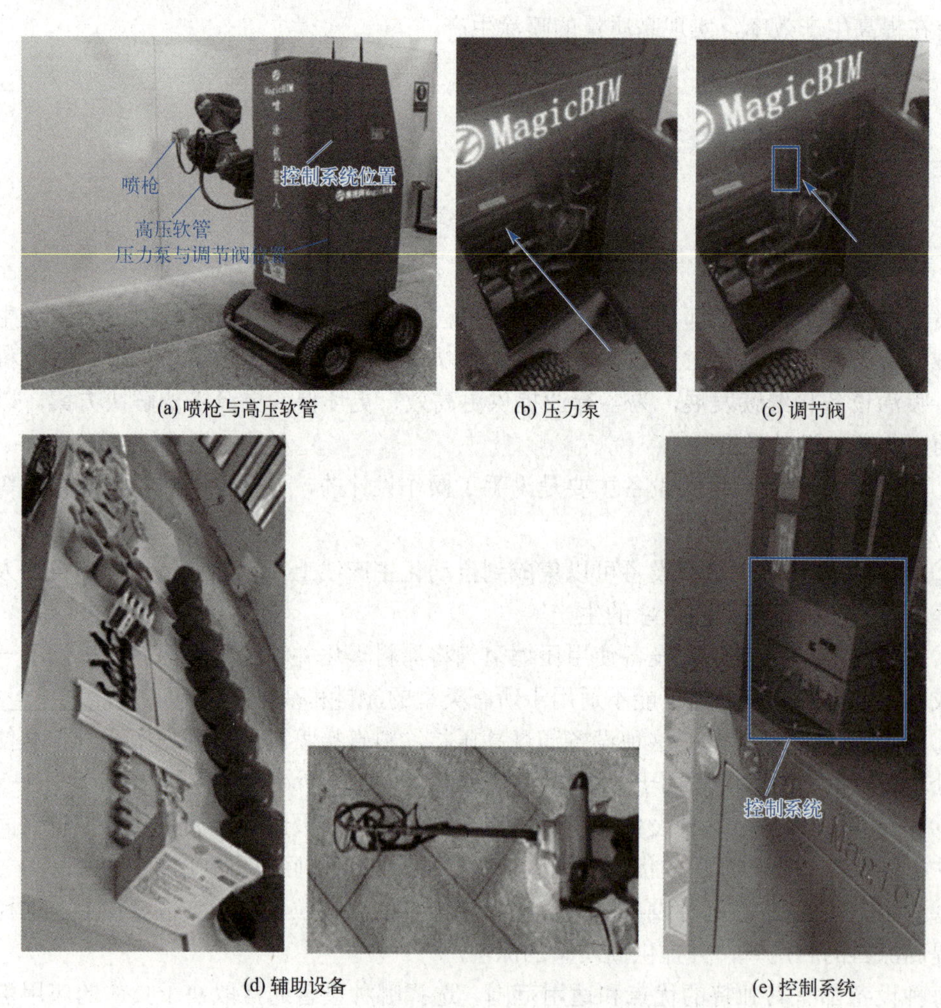

(a) 喷枪与高压软管　(b) 压力泵　(c) 调节阀

(d) 辅助设备　(e) 控制系统

图2-1　常见智能喷涂机器人各部分结构组成

2.2.2 喷涂材料

智能喷涂机器人的喷涂材料主要包括涂料、溶剂、固化剂等，这些材料的性能直接影响到最终涂层的质量。以下是一些常见的喷涂材料及其特点。

（1）涂料

涂料选择需考虑耐候性、耐腐蚀性、附着力、颜色和光泽度等因素。本节将以涂料的施工工序、建筑内部装修的具体使用位置及使用领域为依据，进行涂料种类的分类。

① 按涂料的施工工序分类，可分为腻子、底漆、第一遍面漆、第二遍面漆等过程。

② 按建筑内部装修的具体使用位置分类，可分为内墙涂料、外墙涂料、地面涂料、顶棚涂料等。

③ 按使用领域分类，可分为建筑涂料、工业涂料、通用涂料三大类别。具体分类详见表2-1。

表2-1 涂料的分类（按使用领域分类）

建筑涂料	工业涂料	通用涂料
① 墙面涂料：内墙涂料、外墙涂料等 ② 防水涂料：溶剂型树脂防水涂料、聚合物乳液防水涂料 ③ 地面涂料：各类非木质地面用涂料 ④ 功能性建筑涂料：防火涂料、防霉涂料、保温隔热涂料等	① 汽车涂料 ② 铁路涂料 ③ 公路涂料 ④ 轻工涂料 ⑤ 船舶涂料 ⑥ 飞机涂料 ⑦ 专用涂料：防腐蚀涂料、绝缘涂料、军事器械涂料、电子零部件涂料等	① 清漆 ② 防潮剂 ③ 稀释剂 ④ 底漆 ⑤ 腻子 ⑥ 固化剂

室内喷涂机器人需选用内墙涂料。使用的涂料一般为水性内墙涂料，其分类、性能特点及作用详见表2-2。涂料需严格按照对应型号涂料的水漆比例进行调配。

表2-2 水性涂料分类、性能特点及作用

序号	分类	性能特点	作用
1	内墙底漆	① 附着力强，能够抵制底层材料的碱性侵蚀 ② 良好的保色、防霉、耐碱、抗水性能 ③ 抗水泥降解性，抗碳化，抗粉化，防止漆膜粉化及褪色	① 抗碱，防腐，封闭基层 ② 提高面漆的附着力，节省面漆用量
2	内墙面漆	① 无污染、无毒、无火灾隐患 ② 易于涂刷，干燥迅速，漆膜耐水性、耐擦洗性好，色彩柔和	起装饰、保护作用

（2）溶剂

溶剂用于调节涂料的黏度，使其适合喷涂。

常用的溶剂包括醇类、酮类、酯类和烃类等，选择溶剂时要考虑其对环境和人体健康的影响。

（3）固化剂

固化剂用于加速涂料的干燥和固化过程，提高涂层的硬度和耐久性。

常用的固化剂包括异氰酸酯、氨基树脂、环氧树脂等。

（4）助剂

助剂包括消泡剂、流平剂、分散剂、增稠剂等，用于改善涂料的施工性能和涂层的表面效果。

（5）前处理材料

包括脱脂剂、除锈剂、磷化液等，用于对工件表面进行清洗和处理，以增强涂层的附着力。

（6）后处理材料

包括密封剂、防污剂、抛光剂等，用于涂层施工后的维护和保养。

选择合适的喷涂材料需要考虑工件的材质、使用环境、涂层的功能要求以及环保要求等因素。现代智能喷涂机器人通常配备有先进的涂料处理和管理系统，能够精确控制各种喷涂材料的混合比例和施工参数，从而确保涂层的质量和稳定性。此外，随着对环保要求的提高，越来越多的低VOC（挥发性有机物）和水性涂料被应用于喷涂作业中。

2.3 喷涂工艺与参数

2.3.1 喷涂工艺

机器人的喷涂工艺及流程在现代工业生产中扮演着相对重要的角色，高效、精准的特性使得其在各个领域得到广泛应用。

（1）机器人喷涂工艺的概念和应用

机器人喷涂工艺指的是用机器人进行喷涂工作的一种自动化工艺。使用范围比较广泛，涵盖了建筑装饰、汽车制造、航空航天等多个领域。机器人喷涂具有高效、精准、稳定的特点，可以大大提高生产效率和质量。

近些年，机器人喷涂在建筑装饰领域的应用越来越广泛。室内喷涂是房屋建筑的重要环节，喷涂质量直接影响到外观和品质。传统的喷涂工艺存在着喷涂不均匀、浪费涂料、环境污染等问题，而机器人喷涂则可以有效地解决这些问题，提高喷涂质量和效率。

（2）机器人喷涂工艺的流程

机器人喷涂工艺的流程通常包括准备工作、喷涂调试、保养维护等多个环节。具体流程如下：

① 清洁工作台：首先需要清洁工作台和喷涂设备，确保喷涂环境的整洁。

② 准备涂料：根据涂装要求选择合适的涂料，将涂料按配比配好并倒入机器人的涂料存储处。

③ 设置参数：根据要求设置机器人喷涂的参数，包括速度、压力、温度等。

④ 调试机器人轨迹：利用控制系统对机器人的运动轨迹进行调试，保证喷涂精度。

⑤ 进行喷涂：启动喷涂机器人进行喷涂作业，保证涂料均匀。

⑥ 检验质量：喷涂完成后对成品进行质量检验，确保喷涂效果符合要求。

⑦ 维护保养：定期对机器人进行清洁、检查和保养，延长设备的使用寿命。

（3）机器人喷涂工艺的优势和面临的挑战

① 优势。

a. 高效：机器人喷涂比传统的人工喷涂更高效，可以极大程度地提高生产效率。

b. 精准：机器人能够实现精准喷涂，保证喷涂质量的一致性。

c. 节约成本：机器人喷涂可以降低人力成本，避免涂料浪费，提高经济效益。

② 面临的挑战。

a. 技术要求高：使用喷涂机器人对操作人员的技术要求较高，需要经过一定的培训才能操作。

b. 维护难度大：喷涂机器人的维护保养较为复杂，需要定期进行检查和维护，增加了维护成本。

c. 安全风险：在工业生产中，喷涂机器人通常与人协同工作，必须采取适当的安全措施来预防可能发生的意外伤害。

（4）机器人喷涂工艺的未来发展趋势

未来机器人的喷涂工艺将朝着智能化、柔性化、集成化的方向发展。具体表现在以下几个方面：

① 智能化：机器人的喷涂系统将配备更多智能传感器和控制算法，实现自动化、智能化操作。

② 柔性化：机器人的喷涂系统将具备更大的柔性适应性，可以满足多种喷涂形状和喷涂要求。

③ 集成化：机器人的喷涂系统将与其他生产设备和系统进行集成，实现生产流程的自动化和高效化。

2.3.2　喷涂参数

室内喷涂机器人的喷涂参数通常包括以下几个方面。

① 喷枪类型：喷枪是一种常见的涂装工具，用于将涂料、颜料或其他液体材料均匀地喷洒到目标表面上。选择合适的喷枪类型对获得良好的喷涂效果至关重要。根据不同的应用需求和工作原理，喷枪可以分为以下几类。

（a）压缩空气喷枪：最常见的一种喷枪类型。它通过空气压缩机产生高压空气，将涂料从喷嘴中喷出，如图2-2所示。压缩空气喷枪适用于许多涂装任务，例如，汽车喷漆、家具着色等。根据不同的喷射模式和喷嘴形状，可以实现不同的涂覆效果和喷涂方式。

图2-2　压缩空气喷枪

（b）重力喷枪：一种通过重力驱动涂料流动的喷枪。涂料容器位于喷枪上方，通过重力作用使涂料自由流入喷嘴，并通过压缩空气进行喷涂，如图2-3所示。重力喷枪操作简单、方便，适用于小面积和细致的喷涂作业。

（c）吸引型喷枪：与重力喷枪类似，不同之处在于涂料容器位于喷枪下方，通过负压原理将涂料吸入喷枪并喷出，如图2-4所示。吸引型喷枪通常用于低黏度涂料的喷涂，如清漆、木器涂料等。

图2-3　重力喷枪

图2-4　吸引型喷枪

（d）高压涂装喷枪：使用高压泵或压缩空气将涂料推入喷枪进行喷涂的喷枪类型，如图2-5所示。它适用于大面积的喷涂任务，如建筑墙面喷涂、工业涂装等。

（e）无气喷枪：一种通过高压液体将涂料推入喷枪进行喷涂的喷枪类型，与压缩空气喷枪不同，无气喷枪不需要额外的压缩空气，如图2-6所示。它可实现高效、节能的喷涂，适用于各种细致和复杂的喷涂任务。

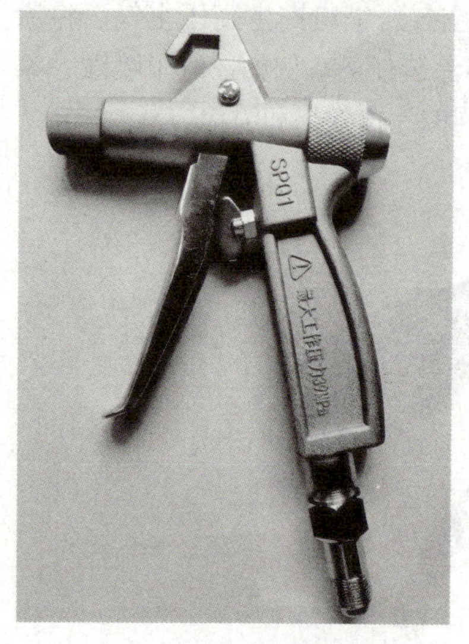

图2-5　高压涂装喷枪

图2-6　无气喷枪

② 喷嘴尺寸：喷嘴的大小会影响喷涂的雾化效果和涂料的流量。选择合适的喷嘴尺寸以保证涂层质量及效率。

③ 压力设置：无气喷涂通常需要调整泵的压力来控制涂料的输出量。压力过大可能导致飞溅，压力过小则影响喷涂效果。

④ 喷涂距离：喷涂时喷枪与被涂物之间的距离对喷涂效果有很大影响。距离太近可能导致涂层过厚或产生流挂，距离太远可能会导致涂层过薄或出现橘皮现象。

⑤ 喷涂速度：机器人在喷涂时移动的速度会影响到涂层的厚度和均匀性。速度越慢，涂层越厚；反之，则越薄。

⑥ 重叠率：为了确保涂层均匀，喷枪在喷涂过程中需要有一定的重叠。重叠率一般设置在10%～20%之间。

⑦ 喷涂角度：喷枪与被涂物之间的角度也会影响喷涂效果。通常喷枪会保持在一个最佳角度范围内，以确保涂料均匀覆盖并形成平整的涂层。

⑧ 涂料黏度：涂料的黏度直接影响其喷涂性能。黏度过高可能导致喷涂效果差，黏度过低则可能影响涂层的附着力和耐久性。

⑨ 温湿度控制：室内环境的温湿度对于喷涂效果也有一定影响。某些涂料在特定的温度和湿度下才能达到最佳的喷涂效果。

这些参数通常需要根据具体的喷涂任务、涂料类型以及被涂物体的特性进行调整以实现室内喷涂机器人高质量的喷涂效果。

2.4 喷涂质量控制和质量检验

2.4.1 喷涂质量控制

喷涂质量控制是确保喷涂作业满足预定标准和客户需求的过程。这涉及对喷涂过程中各个阶段的严格监控，以确保涂层在生产过程中达到所需标准。喷涂质量控制的关键方面如下。

① 涂料质量控制：使用高质量的涂料是确保涂层质量的关键。在喷涂过程中，必须确保涂料的流动性、黏度、固化时间等参数符合要求。定期检查涂料的质量，并确保其符合相关标准和规范。

② 设备校准：定期校准喷涂设备，包括喷枪、压力泵等，以保证其准确性和一致性。

③ 环境控制：控制喷涂环境的湿度、温度和清洁程度等因素，以确保涂层的最佳固化和性能。在进行喷涂之前，必须对工件表面进行适当的预处理，以确保涂料能够附着并形成均匀的涂层。预处理包括清洁、去除油污、打磨、喷砂等步骤。通过严格控制表面预处理过程，可以提高涂层的附着力和耐久性。

④ 喷涂参数监控：监控和调整喷涂参数是确保涂层质量的关键。这包括喷涂速度、喷涂压力、喷涂距离、喷涂角度等参数。通过实时监测这些参数，并根据需要进行调整，可以确保涂层的均匀性和一致性。

⑤ 质量检测：涂层厚度是涂装质量的重要指标之一。通过使用涂层厚度测量仪器，可

以实时监测涂层的厚度，并确保其符合设计要求。如果涂层厚度不足或过厚，则可能会影响涂层的性能和外观。使用视觉系统进行涂层质量检测是一种常见的方法。通过拍摄工件表面的图像，并使用图像处理技术进行分析，可以检测涂层的缺陷、气泡、颜色差异等问题，并及时进行修正。

⑥ 记录和报告：对涂装过程中的关键参数和质量数据进行记录和追溯是确保质量一致性的重要手段。通过建立完善的质量管理系统，可以追踪每个工件的涂装历史，并及时发现和解决质量问题。

⑦ 不合格品处理：对于不符合质量标准的产品，应制定相应的纠正措施，并进行返工或报废处理。

⑧ 持续改进：分析质量数据，识别潜在的问题和改进机会，实施持续的质量改进活动。

通过这些措施，喷涂质量控制旨在确保每个产品都能达到预期的外观和性能标准，满足客户的需求，并提高产品的整体质量和可靠性。

2.4.2 喷涂质量检验

喷涂质量检验是保障产品质量、提升产品竞争力、降低生产成本和满足法律法规要求的重要手段，确保涂层达到预定的质量标准，满足功能性、耐用性和外观等方面的要求，喷涂质量的检验标准通常由相关的行业标准、国际标准以及客户的要求来确定。一般来说，基本的检验标准包括以下几个方面。

① 涂层厚度：涂装质量的重要指标之一。通常根据涂层的类型和应用领域，确定涂层的最小和最大厚度范围。

② 粗糙度和平整度：涂层表面的粗糙度和平整度直接影响其外观和性能。常见的检验方法包括使用表面粗糙度测量仪器（如表面粗糙度仪）进行表面粗糙度的测量，并根据相关标准和规范进行评估。

③ 附着力：涂层与基材之间的附着力是评估涂装质量的重要指标之一。常见的附着力测试方法包括剥离试验、划伤试验和冲击试验等。

④ 外观质量：涂层的外观质量直接影响产品的视觉效果和美观度。常见的外观检验项目包括涂层的颜色、光泽、均匀性、气泡、缺陷等。根据涂层的应用要求和客户的要求，确定相应的外观检验标准。

⑤ 化学性能：对于某些特殊涂层，如防腐涂层和耐腐蚀涂层，其化学性能也是重要的检验项目之一。常见的化学性能测试包括耐腐蚀测试、耐化学品性能测试等。

小结

本章主要深入探讨了智能喷涂机器人喷涂技术的相关知识，从喷涂原理与技术到喷涂工艺与参数，再到喷涂质量控制和质量检验，全面地介绍了喷涂技术的能力要求。通过本章的学习，应对喷涂技术有一个全面的理解，并具备在实际工作中应用这些技术的能力。

能力训练题

一、填空题

1. 智能喷涂机器人是一种__________设备，它使用传感器、控制系统和机械手臂来模拟人类的喷涂动作。

2. 高精度的伺服电机和控制技术用于驱动机器人手臂，确保在喷涂过程中达到__________的定位精度和轨迹重现性。

3. 智能喷涂机器人采用高级软件算法，能够处理来自__________的数据，并作出实时决策，调整机械手臂的动作和喷涂参数，以适应不同工件和喷涂要求。

4. 压力泵的作用是提供必要的压力，将涂料从容器中输送到喷枪。这可以是__________的或__________的，取决于具体的设备和应用场景。

5. 调节阀用于控制涂料的流量和__________，确保喷涂效果的一致性和涂层的质量。

6. 涂料按建筑内部装修的具体使用位置分类，可分为内墙涂料、外墙涂料、__________、__________等。

7. 机器人喷涂工艺指的是用机器人进行喷涂工作的一种__________工艺。

二、选择题

1. 涂料按使用的领域分类，可分为（　　）、工业涂料、通用涂料三大类别。

A. 建筑涂料　　B. 地面涂料　　C. 底漆涂料　　D. 腻子涂料

2. 溶剂用于调节涂料的黏度，常用的溶剂包括（　　）、酮类、酯类和烃类。

A. 酒精　　B. 醇类　　C. 水　　D. 酸性溶液

3. 机器人喷涂具有（　　）、精准、稳定的特点，可以大大提高生产效率和质量。

A. 高效　　B. 快速　　C. 美化　　D. 细致

4. 机器人喷涂工艺的未来发展趋势包含以下方面：（　　）、柔性化、集成化。

A. 智能化　　B. 精准化　　C. 大众化　　D. 人性化

5. 为了确保涂层均匀，喷枪在喷涂过程中需要有一定的重叠。重叠率一般设置在（　　）之间。

A. 5% ～ 8%　　B. 10% ～ 20%　　C. 5% ～ 10%　　D. 8% ～ 20%

三、判断题

1. 手动喷涂设备主要是为手工操作设计的，包括手动喷枪、压力罐等，适用于小规模生产和维修工作。（　　）

2. 空气喷涂设备使用压缩空气将涂料雾化并喷涂到表面。它提供了一种简单且成本效益高的方法，适用于所有类型的涂料和基材。（　　）

3. 喷枪是喷涂设备的核心部分，它将雾化后的涂料均匀地喷洒在被涂物上。喷枪只可以手动操作。（　　）

4. 高压软管负责连接压力泵和喷枪。（　　）

四、简答题

1. 分别简述内墙底漆和内墙面漆的性能特点。

2. 简述机器人喷涂工艺的优势和面临的挑战。
3. 简述机器人喷涂工艺的未来发展趋势。

五、实践题

对已完成的喷涂作业根据质量检验标准进行检验。

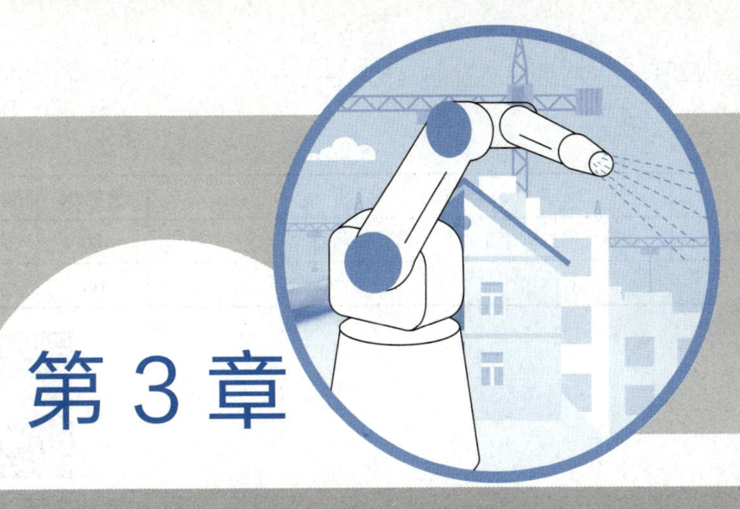

第 3 章

智能喷涂机器人施工工艺

知识要点

智能喷涂机器人施工准备（包括人员准备、工具材料准备、机器人准备）；智能喷涂机器人的方案策划；智能喷涂机器人喷涂流程以及执行过程中的一些常见问题及解决方法；施工结束后所需操作。

能力要求

具备进行智能喷涂机器人作业条件的检测与判断的能力；掌握喷涂机器人的施工工艺（包括腻子基层验收，机器人状态检查，拌料、加料，路径规划、导入地图，喷涂底漆，全面检查、修补缺陷，喷涂第一遍面漆，喷涂第二遍面漆，质量检查、验收，成品保护等过程），具备操作喷涂机器人施工的能力。

素质目标

培养团队协作精神与沟通能力；树立安全生产与法律意识；提升环保意识。

评分表

序号	任务（技能）	评分细则	比例/%	得分/分
1	了解喷涂方案策划	能够依据情景正确设计喷涂方案	10	
2	掌握施工及喷涂准备工作	① 能够正确完成施工前准备工作； ② 能够准确完成喷涂机器人的准备工作	20	
3	掌握喷涂全过程施工作业	① 能够准确完成喷涂全过程施工作业； ② 能够正确完成机器维护和清理工作	50	

续表

序号	任务（技能）	评分细则	比例/%	得分/分
4	解决常见施工问题	能够正确处理施工过程中常见的问题	20	
合计			100	

3.1 施工准备

3-1 喷涂机器人施工工艺讲解

3.1.1 人员准备

在喷涂作业前，人员需要采取适当的安全和环境保护措施，包括确保通风良好以及遵守相关的安全操作规程等。这些措施有助于保护工作人员的健康和安全，同时减少对环境的负面影响。

准备工作不足可能导致施工人员在操作喷涂机器人时出现失误，影响涂层的质量和一致性。经过适当准备的施工人员能够更有效地操作喷涂机器人，减少错误和事故的发生，从而提高喷涂作业的整体效率。

开始正式喷涂作业前，作业人员需要选择配备的装备，具体装备见表3-1。

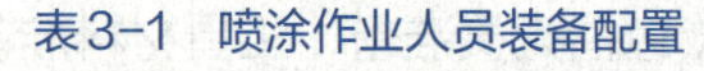

表3-1 喷涂作业人员装备配置

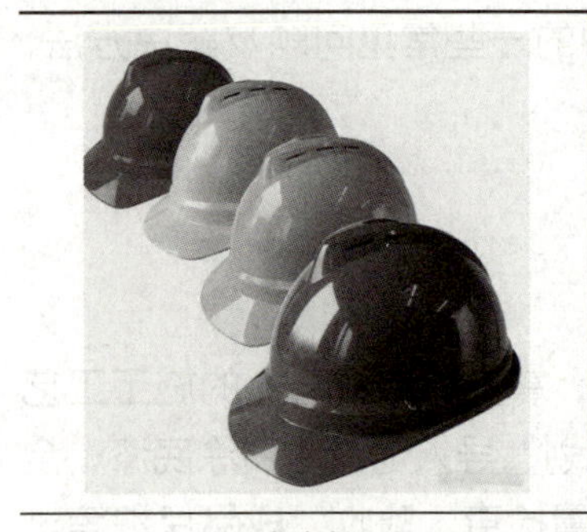	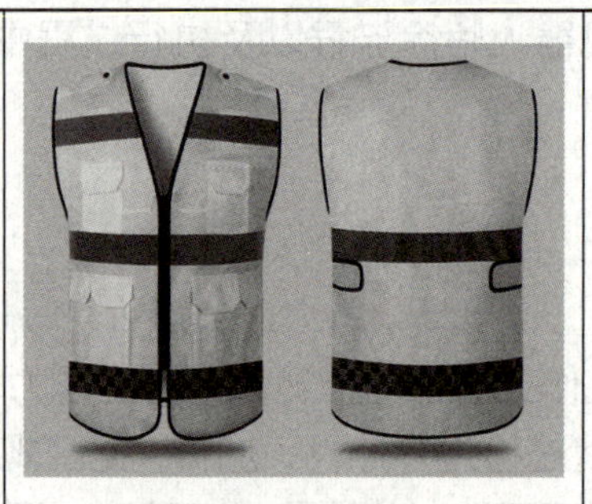	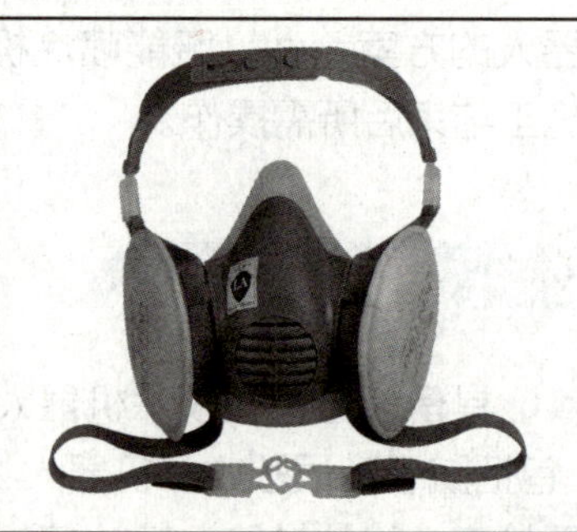
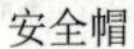 安全帽	反光背心	防尘口罩

（1）戴安全帽

① 头部保护：安全帽能够有效地保护工作人员的头部免受意外碰撞、摔倒或其他伤害。在喷涂作业中，可能会有各种物体从高处掉落或飞溅，佩戴安全帽可以降低头部受伤的风险。

② 识别标志：安全帽上可能附有标识或颜色，有助于其他工人或监管人员识别和辨认喷涂作业中的工作人员，从而加强管理和安全监控。

③ 符合法规要求：在许多工业领域，佩戴安全帽是法规规定的必要措施之一。遵守这些法规要求不仅是对工作场所安全的重视，也是对员工个人安全的保障。

（2）穿反光背心

① 提高可见性：反光背心的鲜艳颜色和反光条带可以使工作人员在低光条件下更容易被其他人员或车辆看到。这对于在繁忙的工作场所中行走或操作设备的工作人员来说非常重要，可以降低发生碰撞或其他意外的风险。

② 识别工作人员：喷涂作业现场通常有多个工作人员同时进行各种任务，穿反光背心有助于区分工作人员和其他人员，提高工作场所的管理和组织效率。

③ 符合法规要求：在一些国家或行业，在工作场所穿反光背心是法规规定的必要措施之一。遵守这些法规要求有助于确保工作场所的安全，并防止发生意外事故。

④ 警示作用：反光背心的醒目颜色和反光条带可以作为警示标志，提醒其他人员注意周围的工作活动和可能存在的危险。这有助于降低误入工作区域或接近正在进行作业的区域的风险。

⑤ 防止误操作：穿反光背心的工作人员可以更容易地被其他人员识别为工作人员，从而降低误操作或错误交流的可能性。这有助于提高工作场所的效率和安全性。

（3）佩戴防尘口罩

① 保护呼吸道：喷涂过程中会产生大量的粉尘、颗粒物和化学气体，这些物质对呼吸道有害。佩戴防尘口罩可以阻挡这些有害物质进入呼吸道，保护工作人员的呼吸系统。

② 防止吸入有害物质：喷涂作业中使用的涂料、溶剂和其他化学品可能含有有害物质，如挥发性有机化合物（VOC）、重金属等。防尘口罩能够有效过滤空气中的这些有害物质，降低工作人员吸入的风险。

③ 提高舒适度：佩戴防尘口罩可以减轻工作人员吸入灰尘和颗粒物后引起的不适感，提高工作的舒适度和体验感。

④ 预防职业病：长期暴露于喷涂作业中产生的粉尘和化学物质可能导致职业性呼吸道疾病，如哮喘、肺炎等。佩戴防尘口罩有助于预防这些职业病。

⑤ 符合法规要求：在许多国家或行业，喷涂作业中佩戴防尘口罩是法规规定的必要措施之一。遵守这些法规要求有助于确保工作场所的安全，并保护工作人员的健康。

3.1.2 工具及材料准备

喷涂作业前进行工具及材料的准备至关重要，因为它可以确保喷涂过程的顺利进行，并影响喷涂作业的质量和效率。工具及材料准备主要包括以下内容。

（1）喷涂工具及材料准备

正确选择和准备喷涂工具及材料可以确保喷涂作业的质量，喷涂作业过程中需要用到的一系列工具及材料，见表3-2。

表3-2 喷涂作业工具及材料

工具（或材料）名称	工具（或材料）图示	工具（或材料）用途
搅拌机		搅拌涂料，将涂料中的固体颗粒、溶剂和添加剂彻底混合均匀，确保涂料的成分一致，避免出现不均匀的现象

续表

工具（或材料）名称	工具（或材料）图示	工具（或材料）用途
清水桶		盛放作业过程中所需用到的清水，与其他材料区分
料桶		盛放搅拌好的涂料，便于给机器人作业加料，同时也是涂料搅拌的容器
污水桶	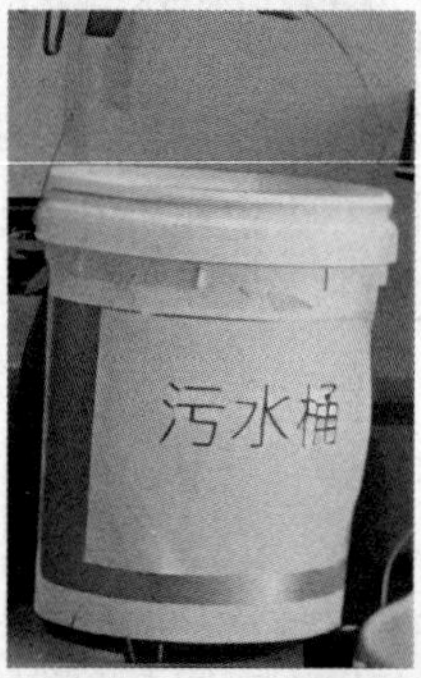	盛放作业过程中产生的各类污水，避免造成污染
余料桶		盛放喷涂作业过程中未使用完的涂料，避免造成浪费
过滤网		过滤掉涂料中的颗粒和杂质，确保涂料的纯净度。防止喷涂设备和喷嘴堵塞，保护喷涂设备免受损坏，并提高涂层的质量

续表

工具（或材料）名称	工具（或材料）图示	工具（或材料）用途
蔡恩杯		测量涂料的黏度，即涂料的流动性和黏稠度，避免涂料黏度不合适而导致的喷涂不均匀或浪费
TSL油		维护喷涂机球阀和喷嘴口，减少喷涂设备的摩擦和磨损，延长机器人使用寿命

（2）消防工具准备

使用喷涂机器人开始进行喷涂作业前须在作业现场提前准备好相应的消防工具，保障作业过程中的消防安全，常用的消防工具有二氧化碳灭火器、水基灭火器、干粉灭火器，具体见表3-3。

表3-3　喷涂作业消防工具

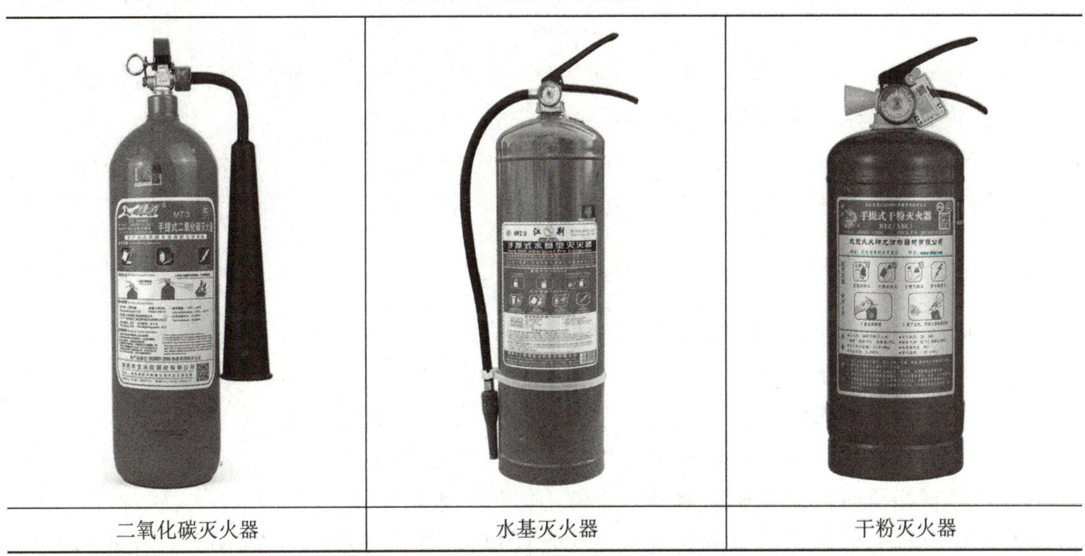

二氧化碳灭火器	水基灭火器	干粉灭火器

消防工具的准备对喷涂作业的正常、安全进行有重大意义，主要体现在以下几方面。

① 防范火灾风险：喷涂作业中使用的涂料、溶剂和喷涂设备可能会引发火灾。准备消防工具，如灭火器、灭火毯等，可以及时扑灭初期火灾，防止火灾蔓延，保护人员和财产安全。

② 应对意外情况：喷涂作业中可能会发生意外，如喷涂设备故障、化学品泄漏等。

消防工具可以帮助工作人员及时应对意外情况，采取必要的应急措施，保障工作人员的安全。

③ 符合法规要求：在许多国家或行业，为了确保工作场所的安全，准备消防工具是法规规定的必要措施之一。遵守这些法规要求有助于预防火灾和其他紧急情况，保障工作现场的安全和秩序。

④ 增强安全意识：准备消防工具可以增强施工人员的安全意识，让他们意识到火灾和其他紧急情况可能会发生，并知道如何正确使用消防工具进行应急处理。这有助于降低意外事故的发生率，保障施工人员的健康和安全。

⑤ 预防火灾扩散：如果发生火灾，消防工具可以帮助工作人员及时扑灭火灾，防止火势扩散，减少人员伤亡和财产损失。

3.1.3 机器人准备

在机器人正式开始喷涂作业前，施工人员需对机器人机身进行完整的检查，确保机器人无故障，可顺利进行喷涂作业后对机器人进行开机操作以及机器人检查操作，具体的检查操作如下。

（1）操作前安全检查

① 检查紧急按钮可操作性及急停功能是否完好，如有异常严禁启动设备。

② 检查机器人控制面板、料桶等外部防护装置的完整性，防护设施不完整时严禁开机。

③ 检查喷涂机设备功能完整性，喷涂系统管道出现破损、裂纹、断裂现象时禁止启动设备。

④ 检查料桶内状态，存在杂物、积灰等异常时严禁开机，严禁在料桶内放置配件、工具、杂物、安全帽等，以免影响到部分线路，造成设备的异常。

（2）喷涂压力检查

查看喷涂机器人压力表，默认是0MPa为正常，若不是0MPa，则需要对机器人进行泄压处理。

（3）喷涂机器人开机

按下机器人开机按钮，机器人通电启动（如有异常禁止开机），同时机器人出库。

（4）喷涂机器人外观检查

① 机器人电量：≤30%需要及时充电（≤20%会发出警报）；

② 机器人指示灯：检查机器人是否正常，绿色为正常；

③ 机械臂指示灯：检查机械臂是否正常，绿色为正常；

④ 轮胎：检查轮胎是否有漏气或卡住（未行驶时，胎压在2.1～2.6bar[1]视作正常）；

⑤ 雷达：检查雷达是否正常（雷达频率在12～17Hz视作正常）；

⑥ 喷涂机器人软件自检：机器人进行自检，自检过程有异常，软件会进行提示，自检主要包括Wi-Fi连接自检、机械臂自检、升降机自检、底盘自检。

---

❶ 1bar=0.1MPa。

3.2 方案策划

（1）选择户型

选择需要进行喷涂作业的户型图，导入对应的图纸。

（2）路径规划

① 喷涂机器人路径规划的目的是高效、准确且稳定地完成喷涂作业，同时满足以下要求：

a. 提高喷涂效率：通过合理的路径规划，可以减少机器人的运动时间，提高生产节拍。

b. 保证喷涂质量：路径规划应确保涂层均匀，无漏喷和过喷现象，满足产品外观和性能要求。

c. 降低涂料消耗：优化喷涂路径可以减少涂料浪费，降低成本。

d. 减少环境污染：通过控制喷涂量和回收系统，减少挥发性有机化合物（VOC）的排放，保护环境。

e. 操作安全：避免机器人与周围设备或人员发生碰撞。

f. 适应性强：能够快速适应形状、大小和布局的变化。

② 路径规划步骤。

a. 在导入的户型图纸中，可以按照不同的区域设置起点、路径点、终点，需要特别注意的是起点和终点只能有一个，路径点可以设置多个。当设计非最优路径时，在模拟系统中会开启自动规划，计算出最优的路径，以减少非必要的作业点，避免机器人耗能，同时也可以节省涂料，节约成本。

b. 地图扫描。在模拟系统中，路径点规划好后需要前往现场，进行实际空间地图的扫描。

（a）扫描建图：机器人在三维空间内进行扫描，扫描完成后保存建图结果。

（b）修整规划：在扫描完成后的地图（建图结果）上可以二次编辑作业点，同时在模拟系统中也可以切换查看原始户型图和建图结果的对比。

上述操作步骤完成后，系统会自动下发路径信息到喷涂机器人。

（3）路径预览

可以在系统中对规划好的路径信息进行路径模拟，在模拟过程中可以返回进行路径规划信息的修改。

（4）成品保护

喷涂机器人在喷涂前进行成品保护的目的是防止待喷涂产品以外的区域或物品被涂料污染，确保产品的最终质量和外观符合要求。这包括对产品的边缘、不需喷涂的部位或者附近的设备、地面等进行保护。具体来说，成品保护可以达到以下几个目的。

① 防止污染：使用遮盖带、胶纸、保护膜等材料覆盖不需要喷涂的部分，避免涂料溅落或雾化到这些区域。

② 保持美观：避免因涂料飞溅造成的表面缺陷，确保产品的外观符合质量标准。

③ 减少清理成本：良好的成品保护可以减少后续清洁和打磨的工作量，从而降低成本。

④ 提高生产效率：减少因为清理和修复缺陷而产生的额外工作时间，加快生产进度。

⑤ 保障安全：在某些情况下，成品保护还可以防止喷涂过程中可能发生的化学物质接触或飞溅，从而保障操作人员的安全。

（5）设置喷涂参数

根据不同的喷涂施工工艺和户型图，需要对以下喷涂参数进行设置。

① 喷涂施工工艺：底漆、面漆（第一遍面漆和第二遍面漆）。

② 喷涂压力：涂料通过喷枪时施加的压力，用于控制喷涂液体的流动和喷雾效果。

③ 喷涂速度：机械臂做喷涂动作的速度。

④ 喷枪离墙距离：喷枪到被涂物体表面的距离，影响着涂层的均匀性和厚度。

⑤ 喷涂宽度：喷涂液体形成的喷雾或喷射的覆盖面积，取决于喷枪离墙距离的设定。

⑥ 喷涂步长：每次移动喷枪的距离，用于控制涂层的覆盖范围和重叠度。

⑦ 喷涂高度：喷枪相对于被涂物体表面的高度，对于不同的户型需要设置不同的高度。

具体参数设置见表3-4。

表3-4 喷涂机器人参数设置

项目	喷涂压力/MPa	喷涂速度/（mm/s）	喷枪离墙距离/cm	喷涂宽度	喷涂步长/cm	喷涂高度
底漆	15	550	30～50（最优数值：45）	根据距离自动计算	45	作业面高度
第一遍面漆	16	600				
第二遍面漆	14	500				

3.3 喷涂准备

喷涂前的准备工作是确保喷涂机器人能够高效、安全和可靠地完成喷涂任务的重要环节。通过充分的准备，可以最大程度地降低故障率，保证产品的质量和生产的连续性。

（1）涂料调配

通过正确的配比，可以确保涂料的黏度、固含量、颜色等性能参数符合产品涂层的需求，从而保证涂层的附着力、耐久性、装饰性等。根据不同的喷涂施工工艺，调配不同的油漆和水的比例，通常情况下底漆的比例为5∶2，面漆的比例为5∶1.8。

（2）涂料搅拌

在选择搅拌方式时，需要考虑涂料的种类、黏度、批量以及生产环境等因素。对于自动化的喷涂生产线，往往会选择与生产节拍和涂料特性相匹配的自动化搅拌设备，以保证涂料混合的均匀性和喷涂效率。同时，为了保证喷涂质量，有时还需要在搅拌过程中加入过滤步骤，去除杂质和气泡，具体操作见图3-1。

喷涂机器人的涂料搅拌方式主要有以下几种。

① 手动搅拌：适用于小批量、低黏度的涂料，可以通过手动搅拌棒或者电动搅拌枪进行搅拌。

② 机械搅拌：适用于中等流量的涂料，可以通过安装在容器内的机械搅拌器进行搅拌，这种搅拌器通常由电机驱动，可调节转速以适应不同黏度的涂料。

③ 动态混合：适用于高黏度或需要精确配比的涂料，通过动态混合器进行即时混合。

动态混合器通常利用高速旋转的叶轮将涂料强制混合均匀。

④ 气动搅拌：适用于需要快速混合且量较大的涂料，通过压缩空气驱动搅拌装置进行搅拌。气动搅拌可以在没有电源的情况下使用。

⑤ 磁力搅拌：适用于对磁场不敏感的涂料，通过磁力驱动内部的搅拌元件进行旋转，实现无接触的搅拌。

⑥ 真空搅拌：适用于容易产生气泡的涂料，如某些UV固化涂料，在真空条件下进行搅拌，可以有效地排除气泡。

图3-1　涂料搅拌

（3）涂料黏度测试　根据不同的场景选择合适的搅拌方式进行搅拌以后，为了保证喷涂工作的顺利进行，需要进行黏度测试，使用蔡恩杯进行黏度测试，蔡恩杯如图3-2所示。

图3-2　蔡恩杯

蔡恩杯使用方法：将蔡恩杯完全浸入涂料中（操作见图3-3），杯中充满液体后，将蔡恩杯提起的同时开始计时，涂料会连续流出（见图3-4），直到流出的液体出现断流现象，停止计时，此时记录的时间即可反映流体的黏度特性，通常底漆的黏度范围持续时间应为19～22s，面漆的黏度范围持续时间应为30～35s。

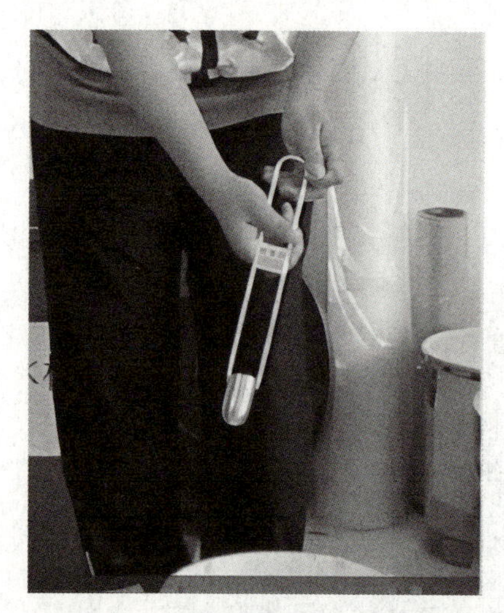

图3-3 准备将蔡恩杯浸入涂料

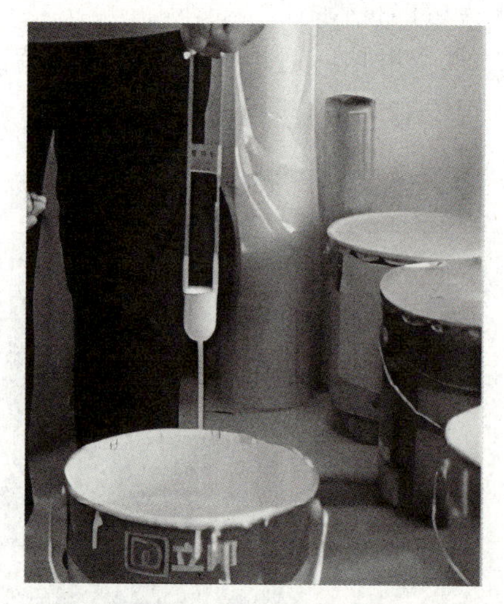

图3-4 提起蔡恩杯

（4）机器人试喷

① 试喷目的及重要性。为了确认喷涂机器人的喷涂参数（例如，喷涂压力、喷涂距离、喷涂轨迹、涂料流量等）是否都设置得当，以确保最终的喷涂效果能够满足要求，需要进行试喷。喷涂机器人试喷的重要性主要体现在以下几个方面。

a. 验证喷涂效果：试喷是验证机器人喷涂系统是否能按照预定的程序和参数正确执行喷涂操作的过程。通过试喷，可以确保喷涂效果满足要求。

b. 调整喷涂参数：在试喷过程中，可以根据实际的喷涂效果调整喷涂参数，如喷涂压力、喷涂速度、涂料流量等，以优化喷涂效果。

c. 检查设备状态：试喷可以帮助检测喷涂机器人及其辅助设备是否存在故障或损坏，确保在最佳状态下运行。

d. 提高生产效率：通过试喷可以提前发现潜在的问题，避免在正式生产中出现故障而导致生产中断，从而提高生产效率。

e. 保障产品质量：只有通过试喷验证，才能保证生产中涂层的质量和一致性。

f. 减少材料浪费：在试喷过程中发现问题，可以及时调整，避免在大量生产中产生不必要的涂料浪费。

g. 积累经验数据：试喷过程中的数据和经验可以为后续类似的喷涂提供参考，有助于提升整个生产过程的稳定性和喷涂技术的成熟度。

② 试喷步骤。

a. 将加料漏斗固定在料桶上，将涂料倒入漏斗中，对涂料进行初步过滤，如图3-5所示。

b. 将涂料倒入机器人的料桶中，如图3-6所示。

c. 调整机械臂至试喷姿态。

图3-5　初步过滤

d. 开始喷涂：取污水桶至喷嘴正下方，机器人开始试喷（起初喷嘴会喷出清水），如图3-7所示。

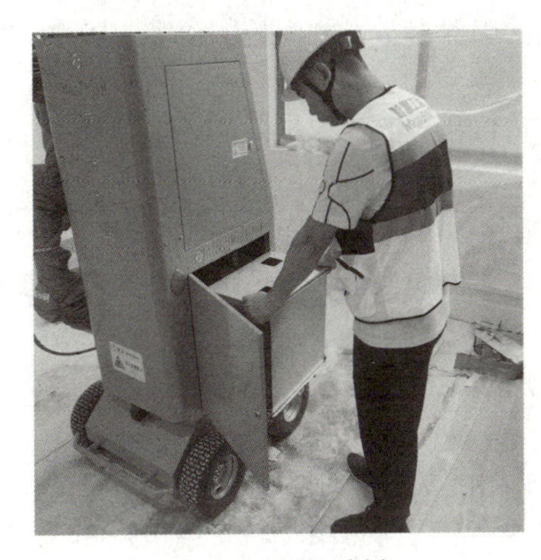

图3-6　倒入涂料

图3-7　试喷

e. 如图3-8所示，保证回流阀处于开启状态，打开喷涂机，回流20s后关闭喷涂机并关闭回流阀。

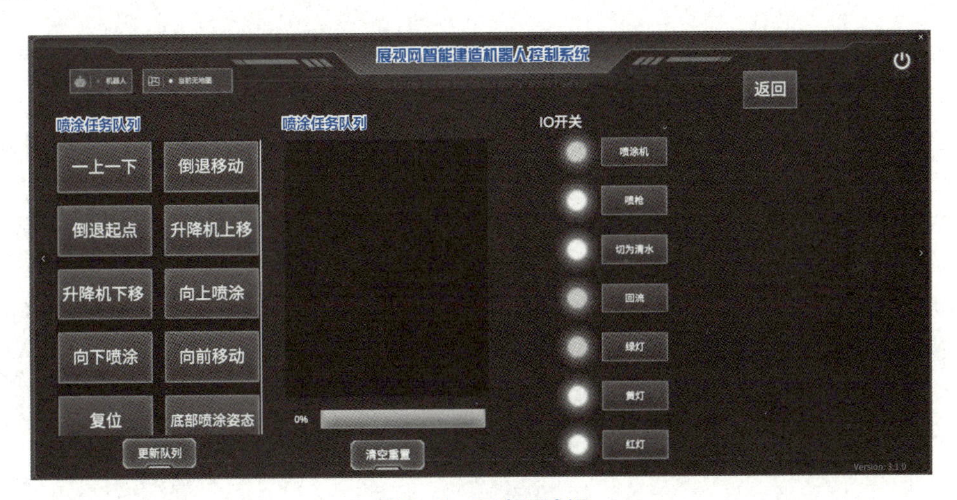

图3-8　开启回流阀

f. 打开喷涂机，点击喷枪按钮开启喷枪，进行试喷；当喷嘴持续喷出涂料10s，确保喷涂机工作正常、涂料喷出的形状无异常后，可停止喷涂（模拟系统中若持续喷出白色涂料，则为试喷成功）。

3-2 喷涂机器人操作视频详解

3.4 方案执行

3.4.1 模拟喷涂

根据前面设计的路径进行模拟喷涂作业，在三维场景中模拟真实施工的喷涂过程。喷涂机器人模拟喷涂是为了在实际喷涂之前对喷涂过程进行测试和优化，能够提高生产效率、保证产品质量、降低成本，并且支持更灵活的生产需求。

通过模拟，可以达到以下目的。

① 确认喷涂参数：模拟喷涂可以帮助确定最佳的喷涂参数，如喷枪的速度、压力、角度等，以达到理想的涂层效果。

② 优化喷涂轨迹：通过模拟不同的喷涂轨迹，可以找到既能保证涂层质量，又能提高生产效率的最优解。

③ 减少浪费：在模拟过程中，可以尝试不同的喷涂方案，从而减少涂料的浪费。

④ 培训操作人员：模拟喷涂可以作为培训工具，让操作人员在无风险的环境中熟悉喷涂机器人的使用。

⑤ 提高喷涂质量：通过模拟可以提前发现潜在的问题，从而避免在实际喷涂中出现质量问题。

⑥ 降低研发成本：在产品开发阶段，通过模拟喷涂可以减少物理试验的成本和时间。

⑦ 支持个性化定制：模拟喷涂有助于应对不断变化的市场需求和个性化定制的需求，快速调整喷涂工艺。

3.4.2 实际喷涂

在完成模拟喷涂并确认所有参数设置无误后，进行实际喷涂操作。在实际喷涂环节，操作人员将依据预设的路径指导机器人执行喷涂任务。以下是实际喷涂的操作流程。

① 启动喷涂作业：点击系统软件中的【开始】按钮，出现提示窗口，检查机器人周围环境无误；再次点击【开始】按钮，开始喷涂作业，见图3-9。

② 监控喷涂过程：在喷涂过程中，持续监控喷涂质量，注意涂层均匀性，确保无漏喷或过喷区域。

③ 停止喷涂作业：在喷涂过程中，如需机器人停止工作，则点击页面中的【停止】按钮，使机器人停止工作。

④ 重置喷涂任务：机器人停止工作后，如需重新开始工作，则点击页面中的【重置】按钮，重新添加相关任务到任务队列中，再次点击【开始】按钮即可重新开始工作。

图3-9　实际喷涂系统界面

在智能喷涂机器人喷涂过程中，可能会遇到一些常见的问题，这些问题可能会影响喷涂的质量和效率。以下是一些常见的问题以及解决方法：

① 发生碰撞：机器人在喷涂工作中发生碰撞停止工作时，应检查机器人附近是否有障碍物，若有则断电后再移除障碍物，确认无障碍物后，点击继续工作。

② 过程加料：机器人在喷涂工作中余料不足时，会在余料不足20%时发出警报，并暂停工作，重新加料后，点击继续工作。

③ 压力不足：机器人在喷涂工作中压力不足时，机器人会自动停止工作，需要检查吸料管是否堵塞，若堵塞则更换滤网后，点击继续工作。

3.4.3　质量检查

为了确保喷涂作业达到预定的质量标准，满足产品性能和美观要求，需要进行质量检查，通常从外观、平整度、基层含水率三个方面进行检查，具体检查标准见表3-5。

① 外观检查：无掉粉、起皮、漏刷、透底、泛碱、颜色不均、砂眼、流坠、疙瘩、溅沫、刷纹明显等情况，进行成品保护的位置保持洁净，无涂料痕迹。

② 平整度检查：墙面转角偏差≤2mm；墙面垂直偏差≤2mm、水平偏差≤1mm。

③ 基层含水率检查：≤8%。

表3-5　质量检查标准

项次	检查项目	要求/允许偏差	检验方法
1	与其他材料和设备的衔接处	涂层与其他装修材料和设备的衔接处应吻合，界面应清晰	观察
2	颜色	均匀、一致	观察 强光手电筒照射
3	光泽和质感	质感细腻、光泽均匀	
4	泛碱、咬色	不允许	
5	流坠、疙瘩	不允许	
6	刷纹	无刷纹	

续表

项次	检查项目	要求/允许偏差	检验方法
7	掉粉、起皮	不允许	观察 强光手电筒照射
8	漏刷、透底	不允许	
9	成品保护（门、窗等）	洁净，无涂料痕迹	
10	平整度	转角偏差≤2mm	塞尺 2m靠尺 阴阳角检测尺
		墙面垂直偏差≤2mm 墙面水平偏差≤1mm	

3.4.4 质量验收

（1）验收依据

① 涉及标准。

a. 国家标准。验收依据应符合国家相关标准，如《建筑工程施工质量验收统一标准》（详细内容见下文）等。

第一章　总则

第一条　为了规范建筑工程施工质量验收工作，保障建筑工程施工质量，提高建筑工程质量，特制定本标准。

第二条　本标准适用于各类建筑工程施工质量验收工作。

第三条　建筑工程施工质量验收工作应遵守国家有关法律法规，遵循国家强制性标准和技术规范。

第四条　建筑工程施工质量验收应坚持科学、公平、公正的原则，合理、规范、完整的程序。

第五条　建筑工程施工质量验收应根据工程性质、工程规模和复杂程度等因素确定验收标准和验收内容。

第二章　施工单位管理

第六条　施工单位应建立健全质量管理体系，明确质量管理权责，确保施工质量符合规定标准。

第七条　施工单位应按照合同要求进行施工，要做到按图施工，精细施工，保证施工质量。

第八条　施工单位应具备相应的技术人员和工人，保证施工操作符合规范要求。

第九条　施工单位应对施工现场进行整体管理，保障施工安全，杜绝违章作业。

第十条　施工单位应按照施工计划组织生产，保证施工进度。

第三章　施工工序

第十一条　地基工程应符合设计要求，地基沉降应符合规定范围。

第十二条　混凝土工程应按设计要求进行配合、浇筑和养护，保证强度和密实性。

第十三条　钢筋工程应按设计要求进行钢筋加工和安装，钢筋连接应牢固可靠。

第十四条　砌体工程应按设计要求进行砖砌和砂浆施工，砌体垂直度和强度应符合规定要求。

第十五条　防水工程应按设计要求进行防水材料施工，保证建筑物防水性能。

第四章　附加设施

第十六条　电气工程应按设计要求进行线路敷设和电气设备安装，电气设备应合格运行。

第十七条　通风工程应按设计要求安装换气设备，保证通风效果。

第十八条　给排水工程应按设计要求进行管道敷设和设备安装，保证给排水畅通。

第十九条　门窗工程应按设计要求进行制作和安装，保证密封性和安全性。

第五章　施工验收

第二十条　施工单位应及时报验各个工序，验收前应保证工程完工且符合设计要求。

第二十一条　业主或监理单位应组织验收人员进行施工验收，确保验收人员具备相关资质和经验。

第二十二条　施工验收应按照施工工序分阶段进行，验收标准和验收内容应符合相关规范。

第二十三条　施工验收应采取现场实地检查和资料查阅相结合的方式，保证验收结果准确可靠。

第六章　验收报告

第二十四条　验收人员应在验收结束后及时向施工单位和监理单位出具验收报告，报告内容应包括验收结果和问题整改意见。

第二十五条　施工单位应按照验收报告中的整改意见进行整改，整改后应重新报验。

第二十六条　监理单位应对整改情况进行跟踪检查，确保整改工作符合规定要求。

第七章　验收后处理

第二十七条　验收合格的工程应按照要求进行交付使用，验收不合格的应按照整改意见进行整改。

第二十八条　验收合格的工程应及时办理质保手续，建立建筑工程施工质保档案。

第二十九条　验收不合格的工程应进行追责处理，责任人应承担相应责任。

第八章　附则

第三十条　本标准由建筑行业标准制定委员会负责解释。

第三十一条　本标准自发布之日起实施。

第三十二条　本标准解释权归建筑行业标准制定委员会。

b. 行业标准。验收依据应符合行业相关标准。

c. 企业标准。验收依据应符合企业内部制定的标准，如企业质量管理体系等。

② 施工方案。

a. 施工图纸。施工方案应根据施工图纸进行设计，确保施工质量符合设计要求。

b. 施工规范。施工方案应遵循相关施工规范，如《建筑工程施工质量验收统一标准》等，确保施工质量符合国家标准。

c. 施工合同。施工方案应根据施工合同进行设计，确保施工质量符合合同要求。

③ 合同条款。

a. 合同内容。合同中明确规定喷涂机器人的施工质量标准和验收标准，这是验收依据的基础。

b. 验收标准。合同中详细列出喷涂机器人的施工质量验收标准，包括喷涂效果、涂层厚度、表面平整度等。

c. 违约责任。合同中规定了如果施工质量不符合验收标准，承包方需要承担的违约责任，这也是验收依据的一部分。

（2）验收方法

① 视觉检查。

a. 表面平整度。检查喷涂机器人施工后的表面是否平整，有无凹凸不平、颗粒状等缺陷。

b. 颜色均匀度。观察喷涂机器人施工后的颜色是否均匀，有无色差、色斑等现象。

c. 表面光泽度。检查喷涂机器人施工后的表面光泽度是否符合要求，有无光泽度不足或过亮等现象。

② 厚度检测。

a. 超声波检测。利用超声波检测仪对喷涂涂层的厚度进行测量，确保其符合设计要求，超声波检测仪如图3-10所示。

b. 磁性检测。利用磁性检测仪对喷涂涂层的厚度进行测量，确保其符合设计要求，磁性检测仪如图3-11所示。

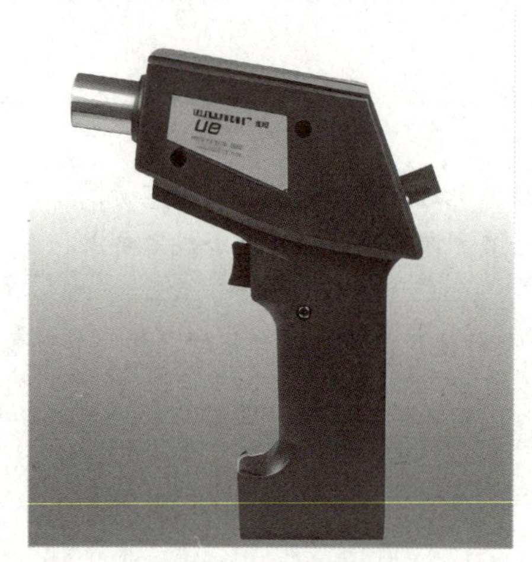

图3-10 超声波检测仪

图3-11 磁性检测仪

c. 激光检测。利用激光检测仪对喷涂涂层的厚度进行测量，确保其符合设计要求，激光检测仪如图3-12所示。

③ 附着力测试。

a. 测试标准。根据相关行业标准，进行附着力测试，确保喷涂涂层的附着力达到规定要求。

b. 测试方法。使用拉拔仪（图3-13）进行附着力测试，将测试片粘贴在喷涂涂层上，然后进行拉拔试验，记录涂层的附着力值。

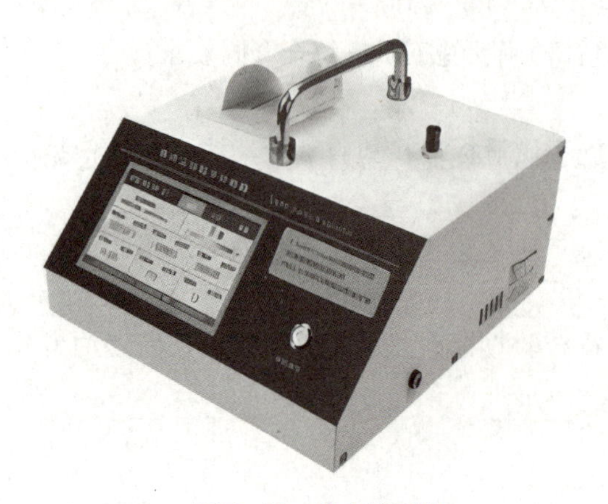

图3-12 激光检测仪

图3-13 拉拔仪

c. 测试结果分析。根据测试结果，分析喷涂涂层的附着力是否达到标准要求，如未达标，则需要采取相应的整改措施。

④ 硬度测试。

a. 测试标准。根据相关行业标准，对喷涂机器人的施工质量进行硬度测试，如图3-14所示。

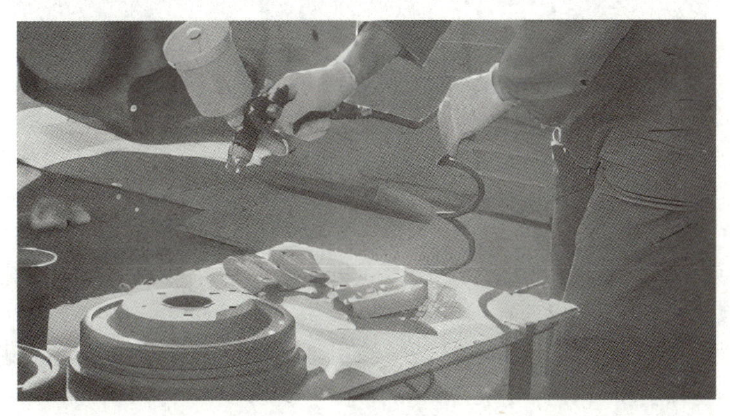

图3-14 硬度测试（1）

b. 测试设备。使用硬度测试仪，如洛氏硬度计（图3-15），对喷涂机器人的施工质量进行硬度测试。

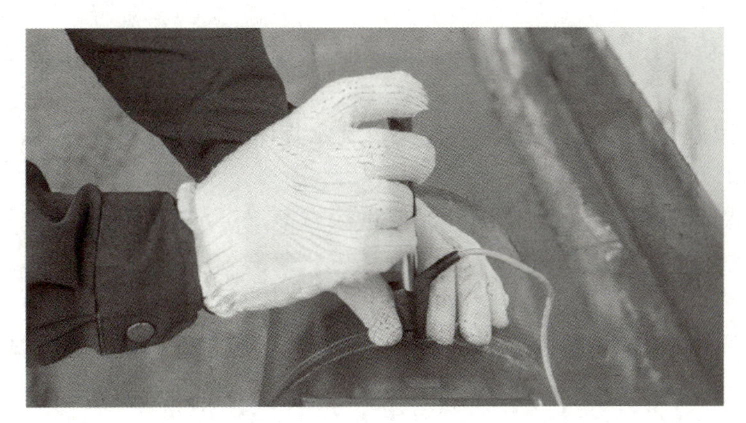

图3-15 使用洛氏硬度计进行硬度测试

c. 测试步骤。按照规定的测试步骤，如选择测试点、加载测试力、读取硬度值等，对喷涂机器人的施工质量进行硬度测试，见图3-16。

⑤ 耐候性测试。

a. 自然环境测试。将喷涂机器人施工后的产品放置在自然环境中，观察其在不同气候条件下的耐候性能。

b. 人工老化测试。通过人工模拟自然环境，如紫外线、高温、高湿等，对喷涂机器人施工后的产品进行加速老化测试，评估其耐候性能。

c. 化学腐蚀测试。将喷涂机器人施工后的产品置于化学腐蚀环境中，如酸、碱、盐等，观察其耐腐蚀性能。

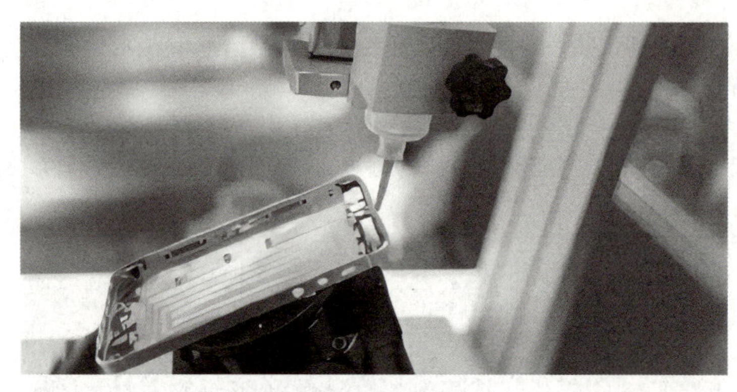

图3-16 硬度测试（2）

⑥ 实验室检测。

a. 外观检查。通过目测和触摸，检查喷涂机器人施工后的表面是否平整、光滑，有无明显的缺陷和瑕疵。

b. 性能测试。通过实验室设备，测试喷涂机器人施工后的表面硬度、耐磨性、耐腐蚀性等性能指标，确保其符合设计要求。

c. 环境测试。将喷涂机器人施工后的表面置于不同环境下，如高温、高湿、低温等，测试其耐候性和稳定性，确保其长期使用性能。

（3）整改措施

① 补涂或重涂。

a. 检查喷涂质量。在喷涂完成后，对喷涂区域进行仔细检查，确保没有漏涂、流挂、起泡等质量问题。

b. 制定补涂或重涂方案。根据检查结果，制定具体的补涂或重涂方案，包括补涂或重涂的位置、面积、颜色等。

c. 执行补涂或重涂。按照制定的补涂或重涂方案，对不合格的区域进行补涂或重涂，确保喷涂质量达到验收标准。

② 表面处理。

a. 打磨处理。对喷涂机器人施工后的表面进行打磨处理，确保表面光滑、平整，无明显瑕疵，见图3-17。

图3-17 打磨

b. 修补处理。对喷涂机器人施工后出现的缺陷，如裂纹、气泡等，进行修补处理，见图3-18，确保表面质量符合要求。

图3-18 修补

c. 清洁处理。对喷涂机器人施工后的表面进行清洁处理（图3-19），去除灰尘、油污等杂质，确保表面清洁干净。

图3-19 清洁

③ 更换材料。

a. 选择合适的材料。根据施工要求和现场环境，选择合适的喷涂材料，确保施工质量。

b. 检查材料质量。在更换材料前，对材料进行质量检查，确保材料符合标准，避免因材料质量问题导致施工质量问题。

c. 更换材料的操作。按照施工规范和操作流程，正确更换喷涂材料，确保施工质量。

④ 调整施工参数。

a. 调整喷涂压力。根据喷涂效果，适当调整喷涂压力，确保涂层均匀、无气泡。

b. 调整喷涂速度。根据喷涂效果，适当调整喷涂速度，确保涂层厚度均匀、无流挂。

c. 调整喷涂距离。根据喷涂效果，适当调整喷涂距离，确保涂层覆盖均匀、无漏涂。

⑤ 加强施工管理。

a. 制定严格的施工标准。确保喷涂机器人施工的质量，制定详细的施工标准和操作流程，并严格执行。

b. 加强人员培训。对施工人员进行专业培训，提升他们的技能水平和安全意识，确保施工质量。

c. 加强质量监控。在施工过程中，加强质量监控，及时发现并解决问题，确保施工质量达到标准。

3.4.5 成品保护

（1）成品保护目的

室内喷涂机器人喷涂后成品保护的主要目的是确保涂层在干燥和固化过程中不受到损害，并维持其原有的外观和性能。具体来说，成品保护具有以下几个目的。

① 防止涂层受损：在喷涂后，涂层需要一定时间才能完全干燥和固化。在此期间，如果没有适当的保护，涂层可能会被刮伤、碰撞或污染，从而影响其最终的质量和效果。

② 保持涂层的完整性：通过使用适当的包装材料和存放方法，可以避免涂层受到外力冲击或环境因素的影响，确保涂层的完整性和美观性。

③ 避免污染：在涂层固化期间，尘埃及其他污染物可能黏附在涂层表面，影响涂层的清洁度和附着力。通过成品保护措施，可以降低这些污染物对涂层的影响。

④ 保障产品品质：高品质的涂层能够提高产品的耐腐蚀性、耐磨性及其他表面特性。通过成品保护，可以确保这些性能得到充分的体现。

⑤ 提升客户满意度：产品在交付前就出现涂层损坏等问题，将直接影响客户的满意度。因此，成品保护也是提升客户满意度的重要手段。

⑥ 降低维修成本：适当的成品保护可以减少因涂层损坏导致的维修和重喷需求，从而帮助企业降低成本。

（2）成品保护措施

① 喷涂后，及时对场地进行临时围护隔离，禁止踩踏、碰撞、划伤等，防止损伤涂层。

② 涂料未干前，不能打扫地面，防止灰尘等污染墙面涂料。最后一遍涂料漆表面干燥前，保持室内空气流通，预防漆膜干燥后表面无光或者光泽不足，避免影响成膜效果。

③ 喷涂后，应避免工件接触酸碱等腐蚀性物质，以免造成涂层脱落或变色。

④ 应对完工后的涂饰工程阳角、突出处用硬质材料进行围护保护。不得磕碰、污染饰面。

3.5 施工结束

在喷涂机器人施工结束后，需要进行一系列收尾工作，以确保机器人系统的完好和下次施工的顺利进行。以下是喷涂机器人施工结束后的常规操作。

3.5.1 现场清理

为了保障人员安全、设备完整、环境清洁以及遵守法律法规，喷涂作业结束后对现场的清理整洁是非常必要且重要的，现场清理主要清理机器人工作区域内的残留涂料、溶剂和其他杂物，保持工作环境的清洁，其作用主要包含以下几方面。

① 安全：遗留的涂料、溶剂和其他易燃物质可能导致火灾或爆炸。清理干净可以减少这些安全隐患。

② 健康：挥发性有机化合物（VOC）和其他有害化学物质如果留在工作区，可能会对工作人员的健康造成影响，长期暴露可能会导致呼吸道疾病、皮肤问题和其他健康问题。

③ 设备保护：残留的涂料和溶剂可能会随着时间的推移固化并堵塞喷枪或其他设备，这会导致设备损坏和维修成本增加。

④ 环境责任：正确地清理和处理废料是企业和个人对环境保护的责任，这有助于减少对自然环境的污染。

⑤ 工作效率：一个干净整洁的工作环境可以提高员工的工作效率和积极性，减少寻找工具和材料的时间。

⑥ 质量控制：清理现场是质量控制的一部分，确保下一个生产批次不会受到前一个批次残留物的影响。

⑦ 法规遵从：在很多国家和地区，工业卫生和环境保护的法律规定了必须对作业现场进行彻底清理，以确保安全和环保的要求得到满足。

3.5.2 设备清洗

为了确保喷涂机器人的性能、生产效率、安全性和涂层质量，作业结束后必须对机器人进行彻底清洗。这是一项重要的维护工作，有助于降低故障率，提高生产效益。清洗机器人的作用主要有以下几点。

① 防止涂料固化：喷涂作业后，机器人手臂和喷涂设备上可能会残留涂料。如果不及时清洗，涂料会逐渐固化，导致喷枪、涂料管路和机器人手臂上的运动部位堵塞或卡死，影响机器人的性能和使用寿命。

② 保持设备状态：定期清洗可以保持喷涂设备的良好状态，减少维修次数，从而保证生产效率。

③ 减少污染风险：清洗可以去除残留在设备上的有害化学物质，减少对环境和人员健康的潜在威胁。

④ 提高涂层质量：干净的设备可以降低交叉污染的风险，从而有助于提高下一批次喷涂作业的涂层质量。

⑤ 延长设备寿命：清洗和维护可以去除可能导致设备磨损的杂质，从而延长设备的使用寿命。

⑥ 符合工艺规范：一些工艺要求必须在一定的时间内清洗设备，以确保下一次喷涂的准确性。

清洗喷涂设备包括清洗喷枪、涂料管路和压力泵等设备，防止涂料干涸后堵塞，下面是喷涂设备清洗的一些常规步骤的内容和注意事项。

① 倒出余料：从料桶中倒出剩余的涂料至余料桶；打开回流阀，将回流管中的涂料排空，关闭回流阀。

② 检查清水箱：打开清水箱，检查水位（机器人清洗需确保水箱的水≥80%），若水量不满足条件，则需要在清水箱中加入清水，将漏斗插入图3-20中所示位置，往清水箱中加入清水至满足清洗条件。

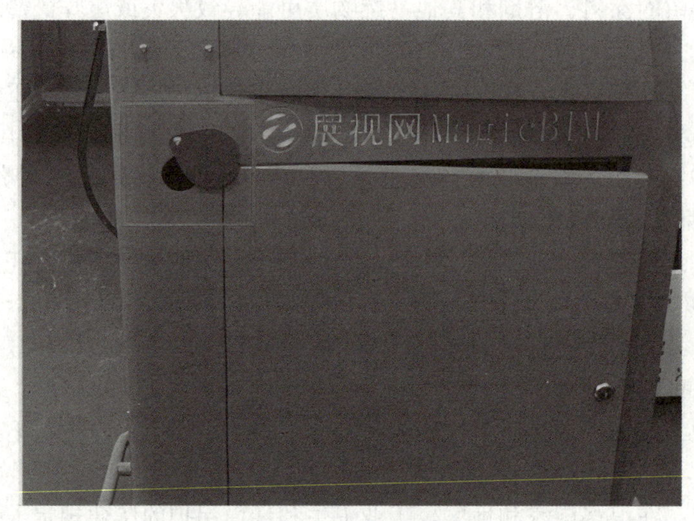

图3-20　清水箱加水口

③ 清洗设备。

（a）切换至清洗模式：如图3-21所示，在系统软件中点击【清水】按钮打开清水阀，将清洗加入任务队列中，实现清洗操作。

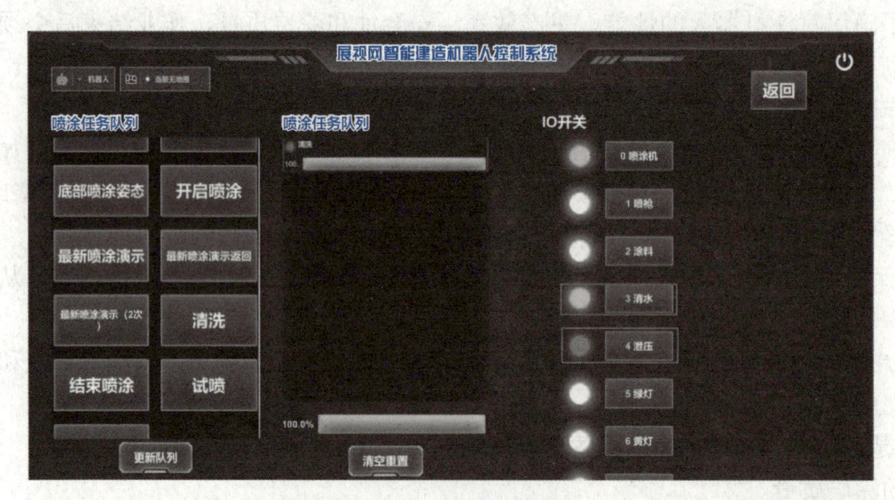

图3-21　清洗模式切换

（b）将机器人喷枪对准污水桶，开始清洗（起初喷嘴会喷出余料）；当喷嘴持续喷出清水40～60s时，可关闭喷枪。（模拟系统中当持续喷出清水时，为清洗完成。）

（c）使用清洗海绵清洗料桶内壁，清洗完成后，在料桶中加入适量清水，放入机器人中，打开回流阀，打开涂料阀和喷涂机，30s后关闭所有按钮。

（d）将料桶抽出，清理废水，将废水倒入污水桶。

④ 维护设备：在喷嘴口和喷涂机球阀位置分别滴两滴TSL油检查机器人本体和各部件是否有损坏，进行必要的维护和修理。

3.5.3 设备入库

喷涂作业结束后将机器人入库，库房为机器人提供了一个相对安全的环境，将机器人存放在库房中不仅可以避免外界环境因素对机器人的损害，还可以防止未经授权的访问或者潜在的物理损害，同时也更容易对机器人进行定期的检查和维护工作，例如,更换部件、维修或者进行软件升级等。尤其是对于精密部件和电子设备来说，适当的存放环境有助于延长其使用寿命。

在机器人入库过程中需要对机器人相关数据做好记录。

① 记录和归档：记录当天的施工数据和机器人的运行状况，归档保存，以供日后参考。

② 安全检查：进行安全检查，确保所有的安全设备和措施都已恢复到正常状态。

③ 备份数据：如果机器人系统允许，则备份相关的程序和数据，以防数据丢失。

在对机器人进行入库操作时，控制机器人移动至指定位置后需及时对机器人进行断电操作，可更好地保护机器人的电池，延长电池的使用寿命，同时也要及时对机器人进行充电操作，避免电池电量亏损影响机器人下一次出库作业。

小结

本章主要探讨了智能喷涂机器人的施工工艺，了解了喷涂机器人施工前所需的人员装备、工具和材料以及机器人准备，深入学习了完整的施工工艺流程，包括预处理、底漆喷涂、中途打磨、面漆喷涂以及后续处理等环节，学习了模拟喷涂的整个流程，学习了如何进行涂层质量检测，包括厚度、附着力等关键指标的检查方法，强调了质量验收的规范、标准。本章内容旨在提供喷涂机器人施工工艺的基础知识，通过学习，能够应对各种喷涂挑战，提高工作效率，保证涂层质量，并具备持续学习和适应喷涂行业新技术的能力。

能力训练题

一、填空题

1. 为了保证喷涂工作的顺利进行，需要进行黏度测试，使用____________________进行黏度测试。

2. 喷涂作业过程中需要用到的工具桶包括__________、__________、__________、__________。

3. 使用喷涂机器人进行喷涂作业前需要提前准备好相应的消防工具，保障作业过程中的消防安全，常用的消防工具有__________、__________、__________。

4. 喷涂机器人压力表默认为________MPa。

5. 根据不同的喷涂施工工艺，调配不同的油漆和水的比例，通常情况下底漆的比例为________，面漆的比例为________。

6. 在机器人使用完毕后，需要对其进行________、________和________。

二、选择题

1. 在喷涂机器人正式工作前，应做安全准备，下列选项中哪个是错误的？（　　）

A. 戴安全帽　　B. 穿安全鞋　　C. 穿反光背心　　D. 佩戴防尘口罩

2. 在进行试喷时，关闭回流阀，打开喷嘴进行试喷，当喷嘴持续喷出涂料（　　）s时，关闭喷头。

A. 10　　B. 15　　C. 20　　D. 25

3. 使用喷涂机器人前在对机器人做准备工作时，第一步先进行（　　）。

A. 开机　　B. 喷涂压力检查　　C. 软件自检　　D. 外观检测

4. 正式启动工作后，当余料不足（　　）时，机器给出提示，需要进行加料。

A. 20%　　B. 25%　　C. 15%　　D. 30%

5. 设备清洗环节，将料桶放回后打开回流阀，回流（　　）后关闭回流阀，机械臂展开到位至废料桶。

A. 20s　　B. 15s　　C. 10s　　D. 5s

6. 喷涂工作完成后，通常使用（　　）工具查看厚度和颜色。

A. 紫外线检测工具　　B. 红外线检测工具

C. 声呐检测工具　　D. 超声波检测工具

7. 在喷涂准备环节，面漆的涂料配比（漆水比）为（　　）。

A. 5∶2　　B. 5∶1.5　　C. 5∶1.8　　D. 5∶2.8

三、判断题

1. 施工现场必须有预防电池燃烧的干粉灭火器。（　　）

2. 在检查机器人状态时，如果机械臂指示灯显示红色，则表示机械臂发生故障。（　　）

3. 在正式工作前，检查机器人轮胎无漏气，则表示轮胎没有问题。（　　）

4. 施工现场不配置搅拌机时，所有搅拌可以手动完成。（　　）

5. 对门、窗等洞口，进行塑料膜覆盖，并用胶带对四周进行封边是为了成品保护。（　　）

6. 在喷涂开始前需要进行现场成品保护，喷涂完成后则不需要进行油漆面成品保护。（　　）

7. 进行喷涂时，喷涂距离必须为32cm。（　　）

8. 第一次面漆喷涂速度为600mm/s、压力16MPa，第二次面漆喷涂速度为500mm/s、压力14MPa。（　　）

四、简答题

1. 简述智能喷涂机器人施工的工艺流程。
2. 请简要说明智能喷涂机器人外观检查需要检查哪些方面。
3. 简要概括成品保护的目的。
4. 简要描述如何进行质量验收。

五、实践题

进行喷涂作业全过程的虚拟模拟。

第4章

智能喷涂机器人的日常清洁与维护保养

知识要点

智能喷涂机器人的日常清洁和定期维护保养内容。

能力要求

具备常规日常维护与保养喷涂机器人的能力，包括对机器人的各个部件进行检查，如喷枪、管路、机器人本体等，以及定期维护工作，如清洁、润滑等。

素质目标

培养严谨细致、一丝不苟、精益求精的工匠精神；树立正确的劳动价值观念，培养爱岗敬业的职业道德。

评分表

序号	任务（技能）	评分细则	比例/%	得分/分
1	具备常规清洁喷涂机器人的能力	① 能清洁干净外表的污渍； ② 能清洁干净喷嘴、喷枪的残留物； ③ 能清洁干净过滤器，确保无灰尘堵塞； ④ 能清洁干净管道和连接部分，确保畅通无阻	40	

续表

序号	任务（技能）	评分细则	比例/%	得分/分
2	具备维护与保养喷涂机器人的能力	① 能正确判断机器人面板是否残缺； ② 能正确检查电源开关、紧急按钮是否正常，电量是否充足； ③ 能正确检查外部整体、喷涂管道、喷枪喷嘴、运动轴、轮胎是否有龟裂、损伤、变形等现象； ④ 能正确检查喷涂机的压力是否正常； ⑤ 能及时清理干净雷达、前部风扇的污染物； ⑥ 能正确维护喷涂机泵，确保喷涂机正常工作，确保压力正常	60	
合计			100	

4.1　智能喷涂机器人的日常清洁

智能喷涂机器人在日常未进行喷涂作业时会统一存放在机器人仓库，虽然不需要进行作业结束后的精细清洁，但在仓库中长期存放也会使得机器人部分位置积灰，需要定期对机器人各部位进行简单的清洁工作，日常的定期清洁操作对喷涂机器人的使用有重大保障意义。

① 保持喷涂质量：定期清洁喷涂机器人可以有效防止喷嘴、喷枪等部件的堵塞或积垢，确保喷涂质量稳定，避免因污染而导致的喷涂不均匀或质量问题。

② 延长设备寿命：定期清洁可以有效延长喷涂机器人的使用寿命。清洁过程中及时发现并处理部件磨损、松动或者损坏的问题，可以减少设备故障和维修次数，延长设备的使用寿命。

③ 提高工作效率：保持喷涂机器人清洁无尘可以提高其工作效率。干净的喷涂设备不易产生故障，能够稳定运行，提高生产效率，降低生产成本。

④ 确保工作安全：清洁喷涂机器人可以有效预防意外事故。清洁过程中可以及时发现并处理设备可能存在的安全隐患，减少意外伤害的发生。

智能喷涂机器人主要的清洁包含以下内容。

① 外表清洁：使用软布或者棉布擦拭喷涂机器人的外壳表面，确保清洁干净。如果有顽固的污渍，可以使用专用清洁剂轻轻擦拭，但要避免水直接淋在机器人上，以免损坏内部电子元件。

② 喷嘴和喷枪清洁：定期清洁喷涂机器人的喷嘴和喷枪部分，确保没有残留物影响喷涂效果。可以用专门的喷涂设备清洗剂或者溶剂清洗，但要注意使用安全，避免对环境造成污染。

③ 过滤器清洁：定期清洁喷涂机器人的过滤器，防止灰尘堵塞影响正常工作。可以使用吸尘器或者清水清洁，但要确保在清洁过程中不损坏过滤器。

④ 管道和连接部分清洁：定期对喷涂机器人的管道和连接部分进行清洁和检查，确保畅通无阻，防止堵塞或者漏涂。

4.2 智能喷涂机器人的维护保养

图4-1 喷涂机器人的组成

喷涂机器人的构成组件结构繁多且复杂，进行喷涂作业需要各组件共同运作，相互配合，如图4-1所示是喷涂机器人的组成。

喷涂机器人由四部分组成：AMR车体、机械臂、升降结构、喷涂总成。此四部分的具体组成见图4-2。

喷涂机器人作业通常涉及有害化学品，如果不及时维护，可能会导致使用过程中化学物质泄漏，从而引发火灾或其他意外事故。定期维护可以发现和解决潜在的安全隐患，保障生产环境的安全，维护也有助于延长机器人的使用寿命。定期检查和清洁喷涂机器人的关键部件可以防止部件磨损和腐蚀，从而延长机器人的寿命，减少维修和更换成本。定期的维护和保养可以使喷涂机器人保持精确的运动控制和喷涂参数，确保机器人相关作业系统的准确性和可靠性，避免因为机器故障造成生产中断或品质问题，对喷涂机器人作业的质量和效率十分重要。

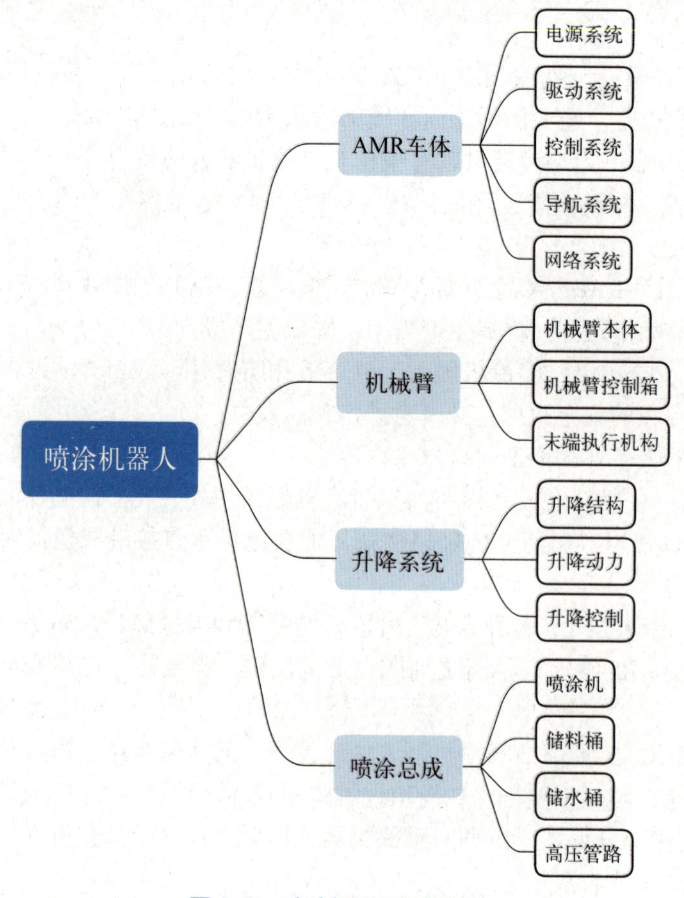

图4-2 喷涂机器人具体组成

为保障室内喷涂机器人的正常使用及安全，在进行机器人施工作业前后，需对机器人关键部位做日常的维护和保养。具体维护保养内容见表4-1。

表4-1　喷涂机器人维护保养内容

序号	维护部位	点检项目	方法	维护阶段
1	机器人面板	确认是否完整	目视	机器人动作前
2	电源开关	确认是否正常工作	操作、目视	机器人动作前
3	紧急按钮	确认是否可正常操作	操作、目视	机器人动作前
4	电量	确认电量是否充足	操作、目视	机器人动作前
5	外部整体	确认是否无龟裂、损伤或变形	目视	机器人动作前
6	喷涂管道	确认是否连接正常	目视	机器人动作前
7	喷枪、喷嘴	确认是否连接正常	目视	动作前、作业后
8	喷涂机	确认压力是否正常	操作、目视	动作前、作业后
9	运动轴	确认是否无变形、磨损或干涉	操作、目视	动作前、作业后
10	雷达	确认表面是否无污染	目视	动作前、作业后
11	前部风扇	确认是否无污染	目视	动作前、作业后
12	轮胎	确认是否无变形、磨损	目视	动作前、作业后
13	喷涂机泵	确认喷涂机泵是否正常工作、压力是否正常	操作、目视	动作前、作业后

以上维护保养项相关说明如下。

（1）机器人面板

在开始使用机器人前需先对机器人的面板进行检查，确保面板上所有功能按钮和接口均正常。机器人面板应无残缺、破损，不影响机器人正常作业。机器人面板需要检查的主要功能见图4-3。面板按钮及接口功能详细介绍见表4-2。

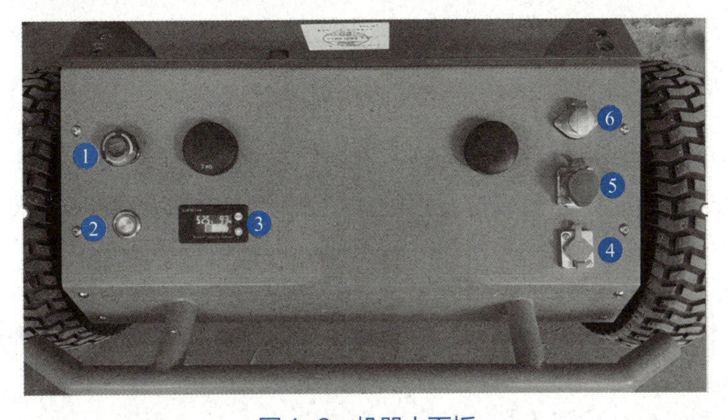

图4-3　机器人面板

表4-2　机器人面板按钮及接口功能介绍

名称	功能描述
① 紧急按钮	使机器人进入紧急停止状态

续表

名称	功能描述
② 启动开关	开启/关闭机器人
③ 电量显示	显示机器人电量
④ 网口	将机器人连接至以太网
⑤ USB接口	连接USB设备，如键盘、鼠标、无线网卡等
⑥ 充电口	为机器人输入电源

（2）电源开关

在使用机器前，需确认机器人机体上的电源开关处于关闭状态，按下电源开关，检查按钮是否变为红色及机器人通电是否正常，再次按下电源开关，关闭开关确认机器人断电状态是否正常。当出现不能正常开关、通电断电的情况，或需要用大力才能开关时，需及时停止操作，并进行检修。

（3）紧急按钮

在机器人工作前，各部件都处于开启状态，按下紧急按钮，确认各部件的关闭状态，手动旋上紧急按钮，在平板软件中添加复位任务，确认各部件的状态恢复。注意：必须操作机器人本体上的紧急按钮，确认正常后方可使用机器人进行施工作业。

（4）电量

在机器人动作前，目视检查机器人底盘中的电量。

（5）外部整体

在机器人进行运输转场、第一次使用及完成长期作业后，对机器人本体外部紧固件、钣金件、外壳进行磨损、变形、折弯、腐蚀、松动确认，以确保使用过程中不会因上述问题造成异常。

（6）喷涂管道

在机器人进行运输转场、第一次使用及完成长期作业后，对机器人的料管、气管进行磨损、折弯、干涉、接头松动确认，以确保在使用过程中不会因上述问题造成管道破裂、压力不稳等危险及异常。

（7）喷枪、喷嘴

在机器人使用前，需对喷枪、喷嘴进行堵塞、松动确认，以确保使用过程中不会造成异常；在作业完成后需充分冲洗喷枪及喷嘴，禁止用尖锐物、粗糙物清洗喷嘴，以免造成喷嘴损坏，影响使用。当发现料管漏料等情况时，可以检测喷嘴的磨损情况，根据实际更换喷嘴或喷嘴基座。

以下是对喷枪、喷嘴进行维护保养的具体步骤，作业内容示意图及辅助工具示意图见表4-3。

① 对工具进行点检，确保工具齐全；

② 使用长度300mm的开口扳手将喷嘴朝逆时针方向旋转，将喷嘴拆卸下来；

③ 使用开口扳手将喷嘴朝顺时针方向旋转，将喷嘴安装上去；

④ 启动喷涂机，测试新的喷嘴是否正常工作。

表4-3　作业内容示意图及辅助工具示意图

作业内容示意图	辅助工具示意图
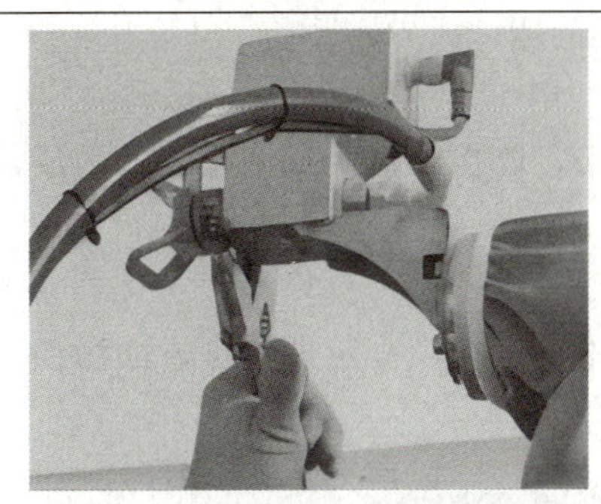	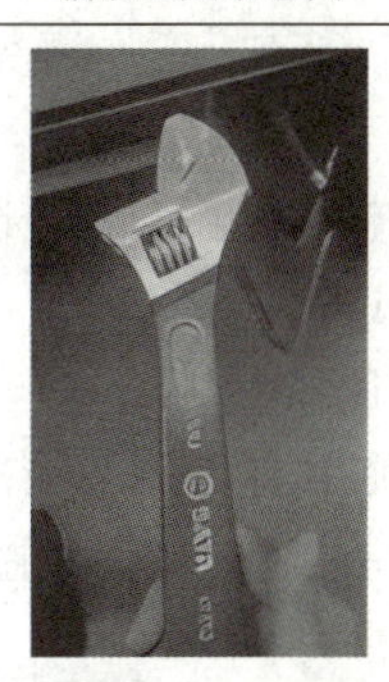
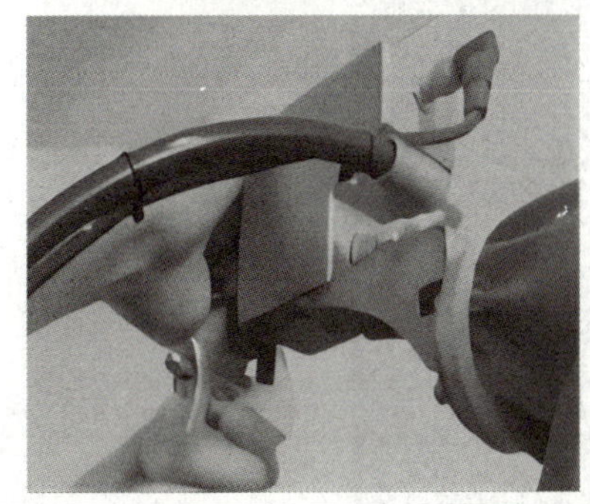	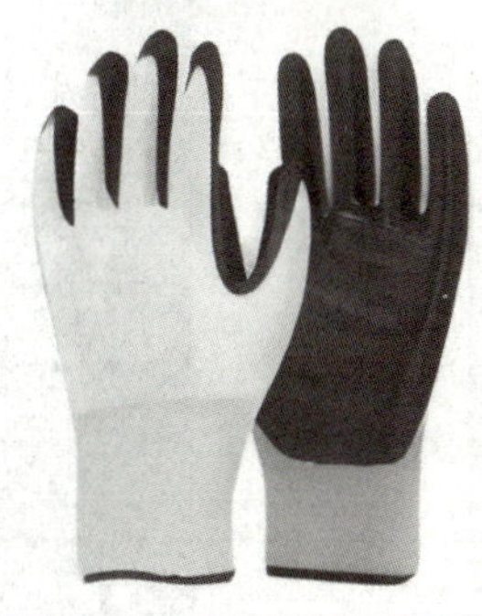

（8）喷涂机

在机器人使用前，需确认喷涂机接线、管道是否牢靠，确认压力表数值及喷涂机是否正常；在作业完成并清洗后，开启喷涂机，添加3～5滴配套用TSL油，具体操作见图4-4。严禁喷涂机在无料情况下进行吸料喷涂作业。

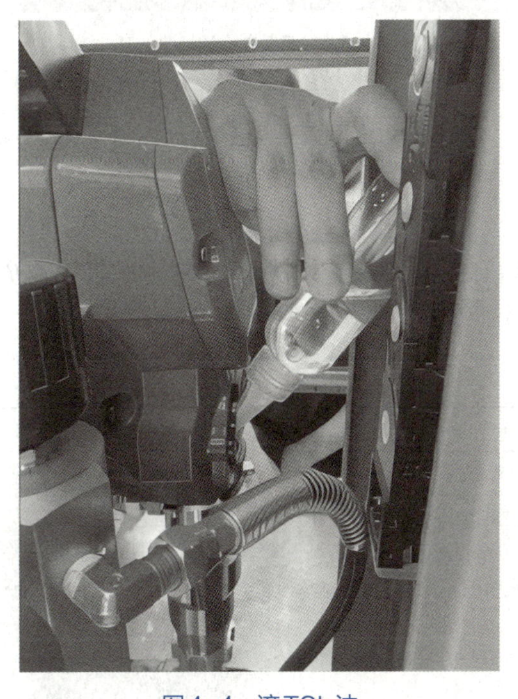

图4-4　滴TSL油

（9）运动轴

在机器人使用前后，需确认各执行部件在运动范围内是否存在异响、干涉、摩擦或是否会导致线路、管道折弯。避免在作业过程中因上述问题造成异常。

（10）雷达

在机器人使用前后，需确认雷达表面是否有污染、遮挡，需定期清理表面污渍，以免造成导航失效或出现误差。

（11）前部风扇

在机器人使用前后，需确认前部风扇是否有污染、遮挡，需定期清理表面污渍，以免造成散热功能差，风扇位置见图4-5。

图4-5 前部风扇

（12）轮胎

在机器人使用前后，需确认轮胎是否有泄气或卡住等情况，避免在作业过程中因上述问题造成异常。

（13）喷涂机泵

在机器人使用后，需对机器人喷涂机泵进行维护和保养，避免在作业过程中因喷涂机泵老化问题造成异常，具体维护操作见表4-4。

表4-4 喷涂机器人喷涂机泵的维护

序号	作业顺序	作业内容示意图	辅助工具示意图
1	对工具进行点检		
2	给喉部密封螺母注满TSL油，以防止密封件过早磨损。每天或每次喷涂后执行此操作。 ① 将TSL油瓶嘴放到喷涂机泵正面护手板的顶部中间开口处。 ② 挤压瓶身喷出足量TSL油来填充泵杆和密封螺母之间的空间		

小结

本章重点介绍了智能喷涂机器人的维护与保养知识，确保机器人能够高效、稳定地运行，并延长其使用寿命。通过本章的学习，应能掌握智能喷涂机器人的维护与保养的基本知识，为实现持续稳定的喷涂生产打下坚实的基础；同时，还应关注新技术的发展，不断更新知识体系，以适应行业发展的需求。

能力训练题

一、填空题

1. 定期对喷涂机器人的____________进行清洁，可以有效延长其使用寿命。
2. 在日常使用中，应定期检查喷涂机器人的____________是否正常。
3. 当喷涂机器人出现异常声音时，应立即停止作业并检查____________。
4. 应按照规定的周期更换____________，避免因润滑不良导致零部件磨损。
5. 在进行任何维护保养工作之前，都应确保____________。
6. 喷涂机器人的AMR车体由____________、____________、____________、____________、____________五个部分组成。

二、选择题

1. 智能喷涂机器人的主要工作介质是（　　）。

A. 水　　B. 涂料　　C. 空气　　D. 电

2. 下列哪项不是智能喷涂机器人的组成部分？（　　）

A. 机械臂　　B. 控制系统　　C. 喷枪　　D. 发动机

3. 在日常使用中，下列哪项不需要定期检查？（　　）

A. 传感器　　B. 机械结构　　C. 润滑系统　　D. 周边环境

4. 当喷涂机器人出现异常声音时，应该怎么做？（　　）

A. 继续作业　　B. 关闭电源进行检查　　C. 调整喷枪　　D. 更换涂料

5. 喷枪作为喷涂机器人的重要部件，应如何维护？（　　）

A. 定期清洁　　B. 不定期更换

C. 随意摆放　　D. 长期使用不清洁

6. 在进行任何维护保养工作之前，应该确保（　　）。

A. 断开电源　　B. 清理现场　　C. 准备好工具　　D. 佩戴防护装备

7. 维护保养结束后，应如何处理工具和材料？（　　）

A. 放回原处　　B. 随意丢弃　　C. 带回家　　D. 销毁

三、判断题

1. 智能喷涂机器人在工作过程中不需要休息和维护。　（　　）
2. 智能喷涂机器人的维护保养只需要由专业人员进行即可。　（　　）

3. 智能喷涂机器人的传感器不需要定期检查。 ( )
4. 当智能喷涂机器人出现异常声音时，应立即停止作业并检查。 ( )
5. 喷枪作为智能喷涂机器人的重要部件，只需要在堵塞时进行清洁即可。 ( )
6. 工作环境的湿度和尘埃不会影响智能喷涂机器人的性能。 ( )
7. 在进行任何维护保养工作之前，都应确保断开电源。 ( )
8. 维护保养结束后，可将工具和材料随意放置。 ( )

四、简答题

1. 智能喷涂机器人的维护保养包括哪些方面？
2. 为什么需要对智能喷涂机器人的传感器进行定期检查？
3. 如何进行智能喷涂机器人的润滑系统保养？
4. 在进行智能喷涂机器人的维护保养时，需要注意哪些安全事项？

五、实践题

对喷涂机器人进行实际清洁操作。

第5章

智能喷涂机器人操作安全规范与故障排除

知识要点

智能喷涂机器人的操作安全规范；智能喷涂机器人常见故障分析判断与现场处理的方法。

能力要求

掌握智能喷涂机器人的安全操作规程；掌握安全防护措施；具备常见故障的分析处理能力。

素质目标

掌握安全生产和操作规范，增强安全生产意识；培养实事求是、诚实守信的精神品格。

评分表

序号	任务（技能）	评分细则	比例/%	得分/分
1	掌握智能喷涂机器人的安全操作规程、安全防护措施	①使用机器人前，能佩戴好个人健康防护装备； ②机器人施工前，能完成场地的前置作业，满足施工要求； ③能准确调控机器人开关、行走位置和方向； ④能正确检查机器人开机前、操作前、关机前的功能完整性； ⑤能遵守机器人施工过程中的使用规范，正确应对可能发生的异常情况； ⑥能遵守工地安全用电规定，确保机器人设备用电安全	60	

续表

序号	任务（技能）	评分细则	比例/%	得分/分
2	具备常见故障的分析处理能力	① 能正确应对雾化小、喷涂扇面变小、无涂料喷出、喷嘴堵塞问题； ② 能正确应对喷涂偏移预设路径、有碰撞周围物体的风险问题； ③ 能正确应对流坠或者漏喷、机械臂无动作等现象； ④ 能正确应对压力不稳或压力达不到预设压力的情况	40	
合计			100	

5.1 智能喷涂机器人操作安全规范

5.1.1 人员要求

施工人员在使用机器人前，需要了解机器人操作安全规范并佩戴好个人健康防护装备。同时，接受特定专业培训和进行现场施工交底后，方可进行实际操作，用户使用前应了解机器人结构、功能及用途。

5.1.2 前置作业要求

① 工作场地地面无杂物、无积水，浮浆、钢筋头处理干净，地面腻子粉打扫干净；室内无钢支撑，坑洼处需砂浆找平，用2m靠尺和楔形塞尺检查，整体地面平整度小于或等于6mm。

② 施工场地需喷涂的墙面，已经完成二遍腻子刮涂、打磨。没有腻子处理后的常见问题（砂眼、刮痕、磕破、开裂、脱层、掉皮），打磨后完成墙面扫灰，满足室内喷涂条件，并通过相关部门验收。

③ 施工班组应配技术负责人，施工人员须经本工艺施工技术培训，合格者方可上岗。

④ 大面积施工前，应按设计要求做出样板，经设计单位和建筑单位认可后，方可进行施工。

⑤ 机器人运行通道最小门洞尺寸高度大于或等于1.8m；工作场地最大净高2.8m。

⑥ 工作场地提供220V电压，供电功率2.2kW，配置有满足作业要求的配电箱，提供工地用水及废水处理区域，其需要满足施工现场临时用电和临时用水的安全技术规范要求。

⑦ 建议机器人应用方明确现场可提供喷涂机器人及辅助工具储存的仓库。

⑧ 在机器人施工前，需了解第2章的喷涂技术要点。

5.1.3 机器人行走说明

在机器人施工前，需要将机器人移到施工现场。在机器人开机后，同时按住左右两侧的开关按钮打开遥控器，将图5-1中遥控器扳机向下拨动，调节前进后退按钮和左右按钮即可控制机器人行走。

固定机器人位置后需要关闭机器人遥控器，同时按住左右两侧的开关按钮即可关机。

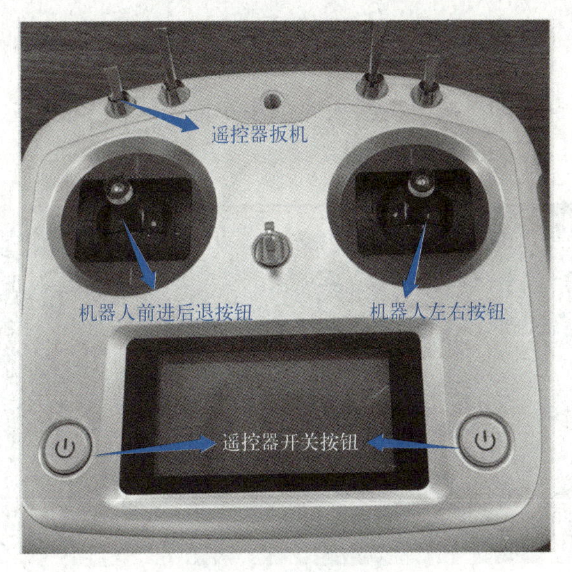

图5-1　遥控器说明

也可以在平板软件中点击遥控器图标进行调节（图5-2）。相较于平板软件遥控器，实体遥控器对行走控制具有更高的操作优先级。

图5-2　智能机器人控制系统

5.1.4　操作前安全检查

① 检查紧急按钮可操作性及急停功能是否完好，如有异常，严禁启动设备。

② 检查机器人控制面板、料桶等外部防护装置的完整性，防护设施不完整时严禁开机。

③ 检查喷涂机设备功能完整性，喷涂系统管道出现破损、裂纹、断裂现象时，禁止启动设备。

④ 检查料桶内状态，存在杂物、积灰等异常时严禁开机，严禁在料桶内放置配件、工具、杂物、安全帽等，以免影响到部分线路，造成设备的异常。

5.1.5 开机前安全检查

① 机器人开机上电操作：按下机器人底部小车面板（图5-3）左下角的电源开关按钮，如图5-3所示的按钮2，即可以启动机器人。

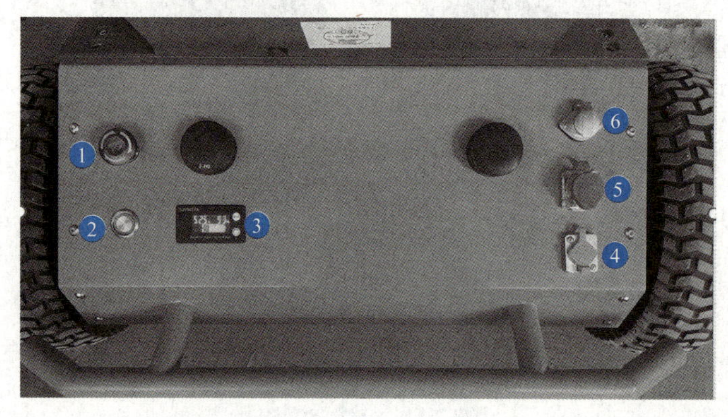

图5-3 喷涂机器人面板

② 当设备出现开机上电异常时，严禁重复开关机的断电上电操作，需要立即检查并报备相关负责人、技术人员。

5.1.6 过程安全管控

① 严禁任何人对机器人线缆进行强制拖拽等野蛮操作，严禁强制按压、推拉各执行部件，不允许使用工具敲打、撞击机器人。

② 机器人运转过程中出现异响、振动、异味或其他异常现象时，必须立即停止机器人的运转，及时通知维修人员进行维修，严禁私自拆卸维修设备。操作机器时，应站到能够看到机器各个运动方向的位置，见图5-4。

图5-4 喷涂机器人操作站位参考

③ 严禁在设备运行时将身体各部位靠近机械臂运动装置部位，禁止机械臂运动装置前端人员站立，设备运行过程中严禁对设备进行调整、维修等作业。

④ 如需要手动控制机器人，应确保机器人运动范围内无任何人员或障碍物，否则可能会造成伤害或损失。机械臂在展开情况下可能移动到的范围如图5-5所示，进行全向转向时一定要降低速度到安全范围之内，避免速度突变而导致意外发生。

⑤ 维修保养时应关闭设备总电源并挂牌警示。

⑥ 当机器人发生火灾时，使用干粉或者二氧化碳灭火器进行扑救。

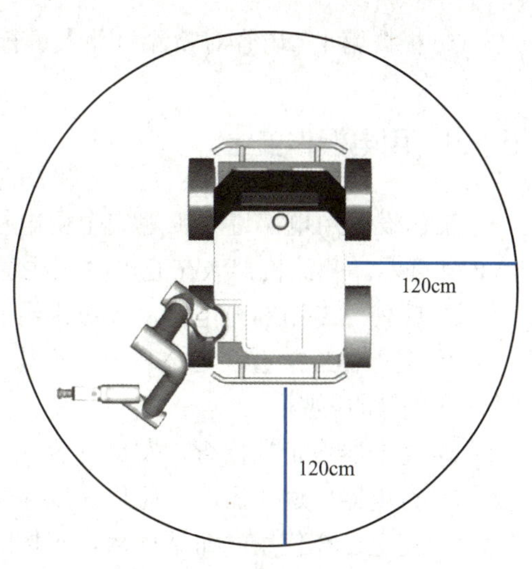

图5-5　喷涂机器人作业范围

⑦ 紧急停止仅用于在危险情况或紧急情况下立刻停止机器人运作。不能将紧急停止作为正常的程序停止，否则将对机器人的升降系统和运动控制系统造成额外的磨损，缩短机器人的使用寿命。

5.1.7　关机操作安全

① 喷涂完毕后，对机器进行喷涂清洗，清洗工作完成后，如图5-6所示先关闭喷涂机，然后打开喷枪进行泄压，然后再关闭喷枪。

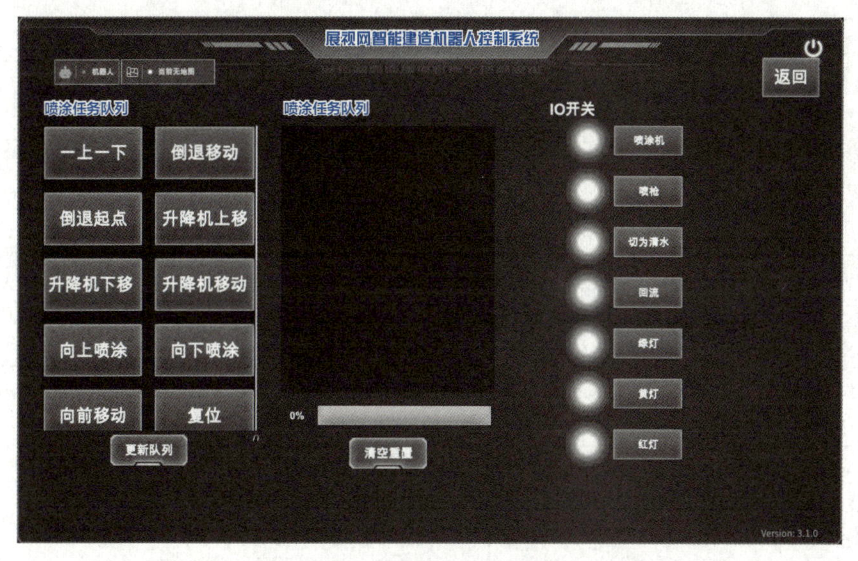

图5-6　喷涂机器人泄压

② 在机器人泄压完成后，需要对机械臂进行复位处理，在平板上点击【复位】按钮，将复位加入任务队列，机器人即可执行机械臂复位操作。

③ 将机器人移动到指定存储仓库。

④ 按下喷涂机器人底盘上的电源开关键，即可对机器人进行断电操作。

⑤ 根据第4章内容对喷涂机器人进行日常/定期维护保养。

5.1.8 用电操作安全

工作设备用电需遵守工地安全用电规定，需设置专用的充电场所，并进行相关的安全防护和警示。喷涂机器人在充电时应注意以下几点：

① 应使用专用的充电器，按照说明书的要求进行充电，避免过充或过放。

② 充电器应放置在通风良好、干燥清洁、远离火源和热源的地方，避免受到高温、腐蚀性气体等的影响。

③ 充电器应定期检查，发现有裂纹、变形、漏液等异常现象时，应及时更换。

④ 充电器应避免短路、碰撞、刺穿等损伤，不要随意拆卸或改装。

⑤ 充电器在使用寿命结束后，应按照环保要求进行回收，不要随意丢弃或焚烧。

5.2 智能喷涂机器人故障排除

智能喷涂机器人在长期使用过程中可能会出现一些故障，这些故障可能会影响机器人的正常工作。因此，对智能喷涂机器人进行故障分析与排除是非常重要的。表5-1中是一些常见作业故障及其对应的解决措施。

表5-1 常见作业故障与解决措施

序号	常见作业故障	解决措施
1	在喷涂作业中出现： ① 雾化小、喷涂扇面变小； ② 无涂料喷出； ③ 喷嘴堵塞	检查涂料是否充足，并保证进料口浸没在涂料中
		打开喷嘴进行喷涂操作，检验喷涂雾化是否正常，同时观察表盘上的压力值是否正常
		卸下喷嘴，在卸下喷嘴时需注意表盘上是否有压力值，检查喷涂涂料的黏度是否适宜，检测喷枪管路是否堵塞，同时使用TSL油、毛刷清洗喷嘴至无乳胶漆残留
2	①机器人自动喷涂过程中偏移预设路径； ② 机器人有碰撞周围物体的风险	暂停机器人作业，或者拍下机身上的红色紧急按钮或平板软件中的停止按钮。检查轮胎是否紧固，有无漏气，清除障碍物后再进行工作
3	自动喷涂过程中发生碰撞、流坠或者漏喷、机械臂无动作现象	按下紧急按钮停止机器人作业，检查机器人各个部件是否有问题、周围是否有障碍物、喷嘴是否有堵塞
4	喷涂作业过程中，出现压力不稳或压力达不到预设压力的情况	① 检查涂料是否充足； ② 检查进料快接头是否有堵塞； ③ 检查管路是否有堵塞； ④ 检查喷头喷嘴是否有松动或滴漏、堵塞

在进行故障分析与排除时，应首先确定故障的性质（如是电气故障还是机械故障），然后逐步缩小查找范围，直至找到故障根源。同时，要定期对智能喷涂机器人进行维护保养，以预防潜在的故障。

小结

在本章中，首先深入探讨了智能喷涂机器人的操作安全规范，包括人员要求、前置作业要求、机器人行走说明以及一些安全检查，强调了严格遵守安全操作规程的重要性，以保障人员安全和设备正常运行，然后提供了遇到相关故障时进行有效排除和处理的方法。通过本章的学习，应该能够理解并掌握智能喷涂机器人安全规范的重要性，遇到故障时能进行有效排除和处理，同时不断提升技术水平，以适应喷涂行业不断变化的需求。

能力训练题

一、填空题

1. 智能喷涂机器人工作场地地面须无杂物、无积水，浮浆、钢筋头处理干净，地面腻子粉打扫干净，室内无钢支撑，坑洼处需要__________，用__________和__________检查，整体地面平整度小于或等于__________。

2. 机器人运行通道最小门洞尺寸高大于或等于______________，工作场地最大净高______________。

3. 在进行智能喷涂机器人作业前，必须确保工作区域内的__________已清除，并保持良好的通风。

4. 当智能喷涂机器人出现故障时，首先应__________，并由专业人员进行检修。

5. 当机器人发生火灾时，使用__________或者__________进行扑救。

6. 故障排除过程中，禁止__________。

7. 当自动喷涂过程中发生碰撞、流坠或者漏喷、机械臂无动作现象时，应__________，检查机器人各个部件是否有问题、周围是否有障碍物，检查喷嘴是否有堵塞。

二、选择题

1. 当智能喷涂机器人发生故障时，首先应该（　　）。

A. 切断电源　B. 查找故障原因　C. 尝试修复　D. 记录故障信息

2. 下列哪个不是智能喷涂机器人常见的故障？（　　）

A. 喷嘴堵塞　B. 控制系统失灵　C. 机械手臂卡顿　D. 产量不足

3. 下列哪种情况可以对智能喷涂机器人进行手动操作？（　　）

A. 机器故障时　B. 紧急情况时　C. 设备维护时　D. 正常运行时

4. 关于智能喷涂机器人的安全标识，下列说法正确的是（　　）。

A. 只需在危险区域设置安全标识

B. 安全标识应清晰可见

C. 可以根据个人喜好调整安全标识的位置

D. 安全标识无须定期检查维护

5. 在进行智能喷涂机器人的维护和修理时，应该注意（　　）。

A. 使用正确的工具　B. 遵守安全操作规程

C. 保持工作区域清洁　　D. 上述所有选项都需要注意

6. 下列哪项不是智能喷涂机器人的安全风险？（　　）

A. 化学品危害　　B. 辐射伤害　　C. 机械伤害　　D. 电击风险

三、判断题

1. 智能喷涂机器人可以在密闭的空间内进行喷涂作业。（　　）
2. 当智能喷涂机器人出现故障时，可以立即手动操作以解决。（　　）
3. 在进行智能喷涂机器人的故障修理时，只需要遵守相关的安全操作规程即可。（　　）
4. 智能喷涂机器人作业时，操作人员可以暂时离开现场。（　　）
5. 智能喷涂机器人的故障排除应该由专业人员来进行。（　　）
6. 智能喷涂机器人的所有部件都可以随意进行更换。（　　）
7. 智能喷涂机器人的安全规范只适用于操作人员。（　　）

四、简答题

1. 智能喷涂机器人的安全操作规范主要包括哪些方面？
2. 简述智能喷涂机器人的常见作业故障类型及其解决措施。

五、实践题

对喷涂机器人进行开机前检查并记录检查结果。

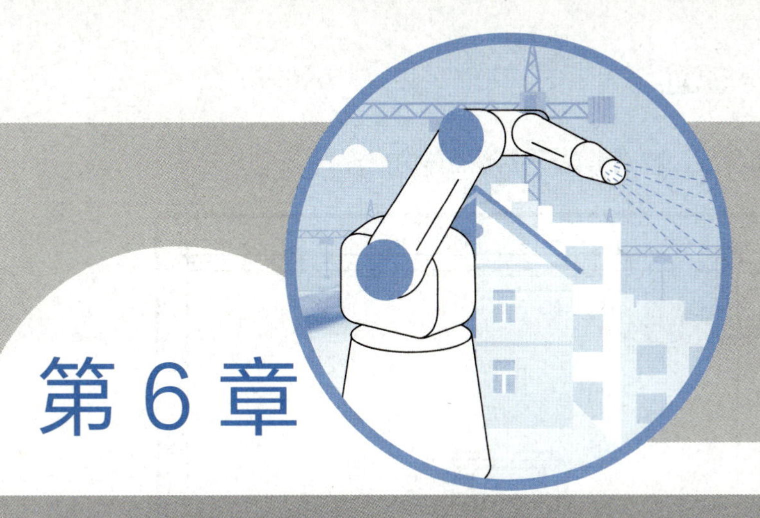

第 6 章 智能喷涂机器人实训任务

素质目标

培养团队协作精神和小组合作探究能力；培养实践能力和创新精神。

6.1 实训任务1 一字形墙体喷涂施工

6.1.1 实训目标

① 掌握图6-1一字形墙体喷涂的基本操作技巧。
② 学习喷涂机器人施工的准备工作。
③ 理解一字形墙体喷涂方案的设计和执行过程。

6.1.2 安全须知

① 遵守所有喷涂操作的安全规程。
② 佩戴适当的个人防护装备，如安全眼镜、防护口罩等。
③ 确保喷涂机器人系统处于安全停机状态。

6.1.3 开始实训

① 规划设计阶段。
a. 确定喷涂区域和喷涂机器人的定位。

b. 设计喷涂路径和参数，特别考虑一字形墙体的处理。

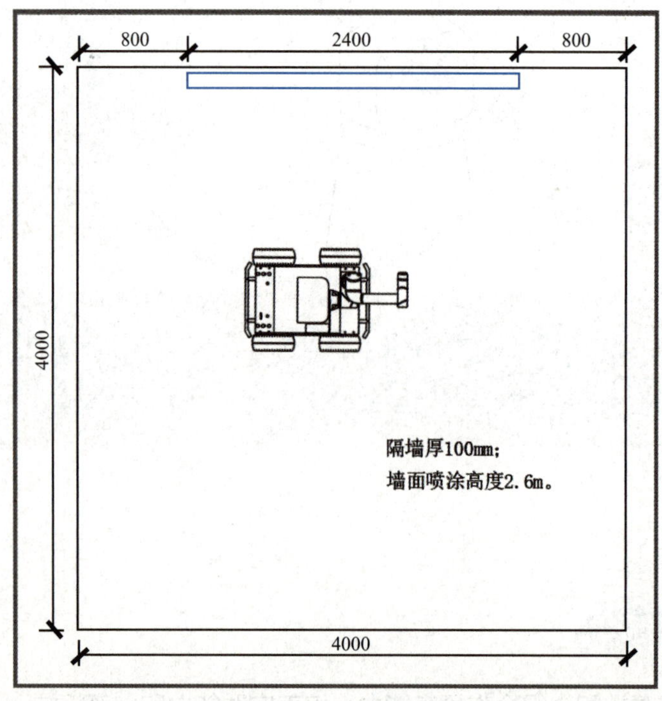

图6-1 一字形墙体

② 工具准备阶段。

a. 检查喷涂机器人和设备是否正常工作。

b. 准备防护装备和清洁工具。

③ 执行阶段。

a. 按照设计好的路径和参数执行喷涂操作。

b. 实际操作中，学习如何控制喷枪与墙面的距离和角度，以确保涂层均匀。

④ 维修保养阶段。

a. 定期检查喷涂机器人和设备，确保其正常工作。

b. 执行必要的维修和保养措施。

6.1.4 任务注意事项

① 确保喷涂机器人和设备的稳定性和安全性。

② 注意喷涂过程中要安全操作，避免喷涂机器人和设备发生碰撞。

③ 确保喷涂效果的均匀性和质量。

6.1.5 考核方式

① 操作演示（40分）：现场展示喷涂操作，由教师或考核员进行观察和评分。

② 质量检查（60分）：完成喷涂作业后，由教师或考核员进行质量检查。

6.2 实训任务2　含窗户墙体喷涂施工

6.2.1 实训目标

① 掌握图6-2含窗户墙体喷涂的基本操作技巧。
② 学习处理窗户区域的喷涂技术。
③ 理解含窗户墙体喷涂方案的设计和执行过程。

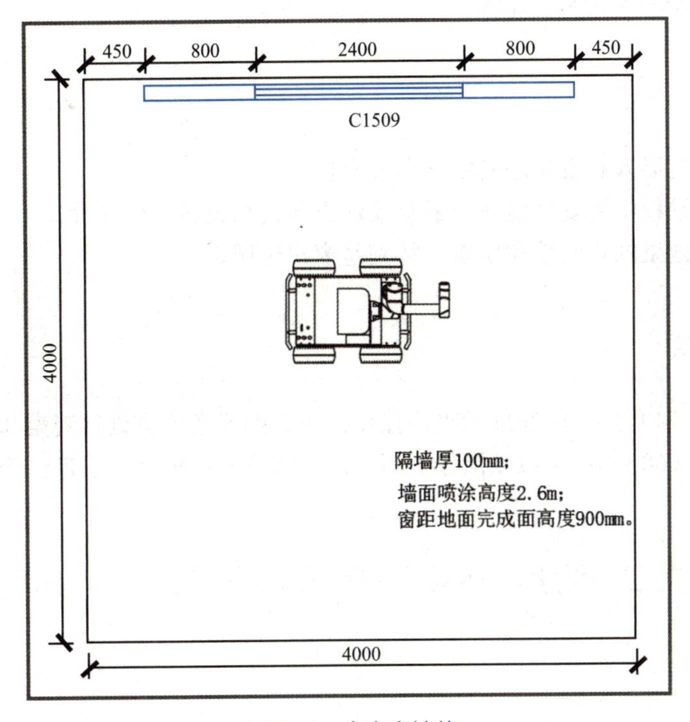

图6-2　含窗户墙体

6.2.2 安全须知

① 遵守所有喷涂操作的安全规程。
② 佩戴适当的个人防护装备，如安全眼镜、防护口罩等。
③ 确保喷涂机器人系统处于安全停机状态。

6.2.3 开始实训

① 规划设计阶段。
a. 确定喷涂区域和喷涂机器人的定位。
b. 设计喷涂路径和参数，特别考虑窗户区域的处理。
② 工具准备阶段。
a. 检查喷涂机器人和设备是否正常工作。

b. 准备防护装备和清洁工具。

c. 准备处理窗户区域的专用工具。

③ 执行阶段。

a. 按照设计好的路径和参数执行喷涂操作。

b. 实际操作中，学习如何控制喷枪与墙面的距离和角度，以确保涂层均匀。

④ 维修保养阶段。

a. 定期检查喷涂机器人和设备，确保其正常工作。

b. 执行必要的维修和保养措施。

6.2.4 任务注意事项

① 确保喷涂机器人和设备的稳定性和安全性。

② 注意喷涂过程中要安全操作，避免喷涂机器人和设备发生碰撞。

③ 确保喷涂效果的均匀性和质量，特别是窗户区域。

6.2.5 考核方式

① 操作演示（40分）：现场展示喷涂操作，由教师或考核员进行观察和评分。

② 质量检查（60分）：完成喷涂作业后，由教师或考核员进行质量检查。

6.3 实训任务3 阴角墙体喷涂施工

6.3.1 实训目标

① 掌握图6-3阴角墙体喷涂的基本操作技巧。

② 学习处理阴角区域的喷涂技术。

③ 理解阴角墙体喷涂方案的设计和执行过程。

6.3.2 安全须知

① 遵守所有喷涂操作的安全规程。

② 佩戴适当的个人防护装备，如安全眼镜、防护口罩等。

③ 确保喷涂机器人系统处于安全停机状态。

6.3.3 开始实训

① 规划设计阶段。

a. 确定喷涂区域和喷涂机器人的定位。

b. 设计喷涂路径和参数，特别考虑阴角区域的处理。

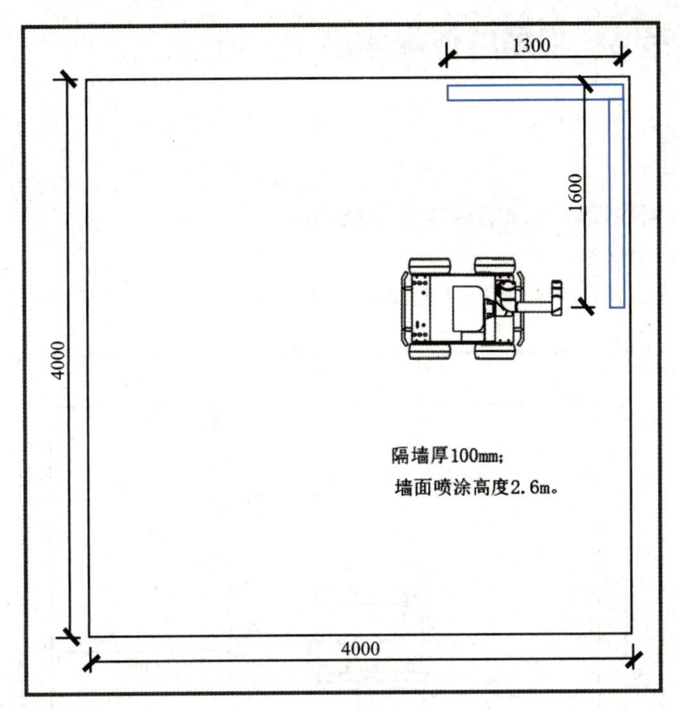

图6-3　阴角墙体

② 工具准备阶段。

a. 检查喷涂机器人和设备是否正常工作。

b. 准备防护装备和清洁工具。

c. 准备处理阴角区域的专用工具。

③ 执行阶段。

a. 按照设计好的路径和参数执行喷涂操作。

b. 实际操作中，学习如何控制喷枪与墙面的距离和角度，以确保涂层均匀。

c. 清理喷涂机器人和设备，清理工作区域，保持工作环境的整洁。

④ 维修保养阶段。

a. 定期检查喷涂机器人和设备，确保其正常工作。

b. 执行必要的维修和保养措施。

6.3.4　任务注意事项

① 确保喷涂机器人和设备的稳定性和安全性。

② 注意喷涂过程中要安全操作，避免喷涂机器人和设备发生碰撞。

③ 确保喷涂效果的均匀性和质量，特别是阴角区域。

6.3.5　考核方式

① 操作演示（40分）：现场展示喷涂操作，由教师或考核员进行观察和评分。

② 质量检查（60分）：完成喷涂作业后，由教师或考核员进行质量检查。

6.4 实训任务4 阳角墙体喷涂施工

6.4.1 实训目标

① 掌握图6-4阳角墙体喷涂的基本操作技巧。

② 学习处理阳角区域的喷涂技术。

③ 理解阳角墙体喷涂方案的设计和执行过程。

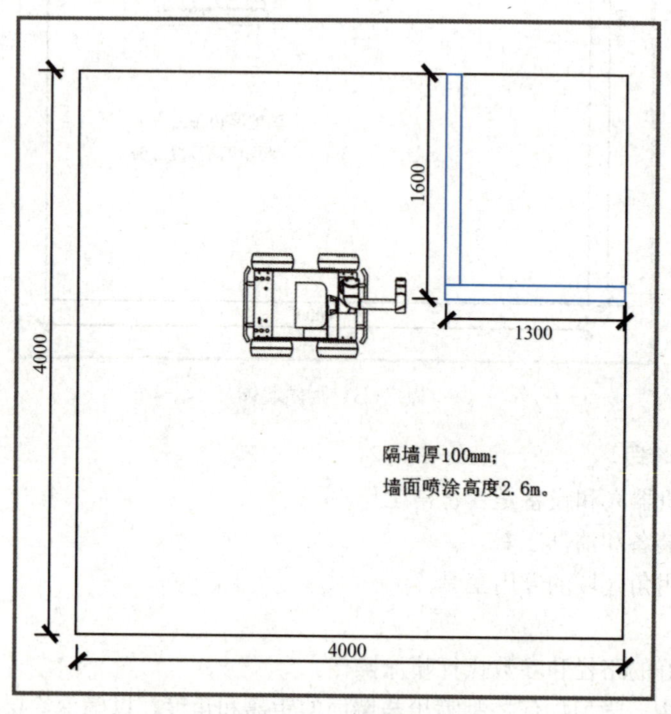

图6-4 阳角墙体

6.4.2 安全须知

① 遵守所有喷涂操作的安全规程。

② 佩戴适当的个人防护装备，如安全眼镜、防护口罩等。

③ 确保喷涂机器人系统处于安全停机状态。

6.4.3 开始实训

① 规划设计阶段。

a. 确定喷涂区域和喷涂机器人的定位。

b. 设计喷涂路径和参数，特别考虑阳角区域的处理。

② 工具准备阶段。

a. 检查喷涂机器人和设备是否正常工作。

b. 准备防护装备和清洁工具。

c. 准备处理阳角区域的专用工具。

③ 执行阶段。

a. 按照设计好的路径和参数执行喷涂操作。

b. 实际操作中，学习如何控制喷枪与墙面的距离和角度，以确保涂层均匀。

c. 清理喷涂机器人和设备，清理工作区域，保持工作环境的整洁。

④ 维修保养阶段。

a. 定期检查喷涂机器人和设备，确保其正常工作。

b. 执行必要的维修和保养措施。

6.4.4 任务注意事项

① 确保喷涂机器人和设备的稳定性和安全性。

② 注意喷涂过程中要安全操作，避免喷涂机器人和设备发生碰撞。

③ 确保喷涂效果的均匀性和质量，特别是阳角区域。

6.4.5 考核方式

① 操作演示（40分）：现场展示喷涂操作，由教师或考核员进行观察和评分。

② 质量检查（60分）：完成喷涂作业后，由教师或考核员进行质量检查。

6.5 实训任务5 阴阳角墙体综合喷涂施工

6.5.1 实训目标

① 掌握图6-5阴阳角墙体综合喷涂的基本操作技巧。

② 学习处理阴角和阳角区域的喷涂技术。

③ 理解阴阳角墙体综合喷涂方案的设计和执行过程。

6.5.2 安全须知

① 遵守所有喷涂操作的安全规程。

② 佩戴适当的个人防护装备，如安全眼镜、防护口罩等。

③ 确保喷涂机器人系统处于安全停机状态。

6.5.3 开始实训

① 规划设计阶段。

a. 确定喷涂区域和喷涂机器人的定位。

b. 设计喷涂路径和参数，特别考虑阴阳角区域的处理。

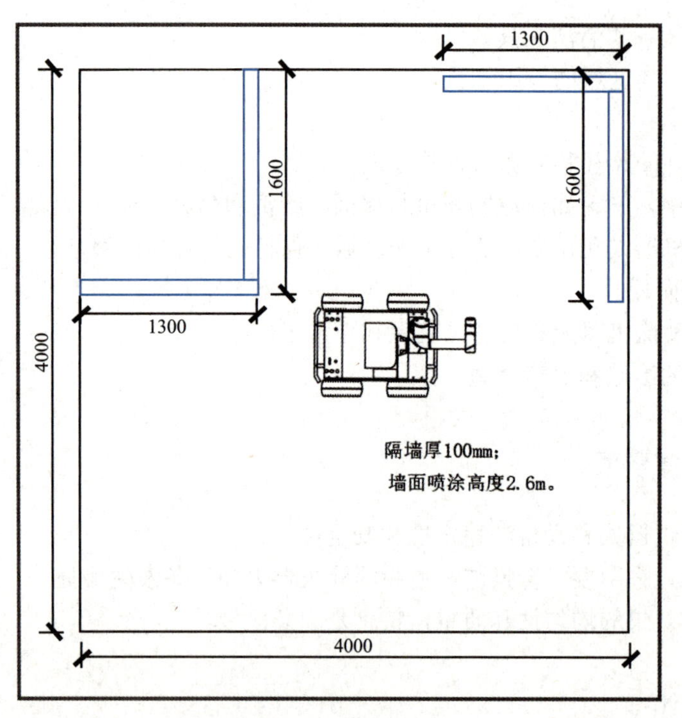

图6-5 阴阳角墙体

② 工具准备阶段。

a. 检查喷涂机器人和设备是否正常工作。

b. 准备防护装备和清洁工具。

c. 准备处理阴阳角区域的专用工具。

③ 执行阶段。

a. 按照设计好的路径和参数执行喷涂操作。

b. 实际操作中，学习如何控制喷枪与墙面的距离和角度，以确保涂层均匀。

c. 清理喷涂机器人和设备，清理工作区域，保持工作环境的整洁。

④ 维修保养阶段。

a. 定期检查喷涂机器人和设备，确保其正常工作。

b. 执行必要的维修和保养措施。

6.5.4 任务注意事项

① 确保喷涂机器人和设备的稳定性和安全性。

② 注意喷涂过程中要安全操作，避免喷涂机器人和设备发生碰撞。

③ 确保喷涂效果的均匀性和质量，特别是阴阳角区域。

6.5.5 考核方式

① 操作演示（40分）：现场展示喷涂操作，由教师或考核员进行观察和评分。

② 质量检查（60分）：完成喷涂作业后，由教师或考核员进行质量检查。

6.6　实训任务6　T字形复杂墙体喷涂施工

6.6.1　实训目标

① 掌握图6-6 T字形复杂墙体喷涂的基本操作技巧。
② 学习处理T字形复杂区域的喷涂技术。
③ 理解T字形复杂墙体喷涂方案的设计和执行过程。

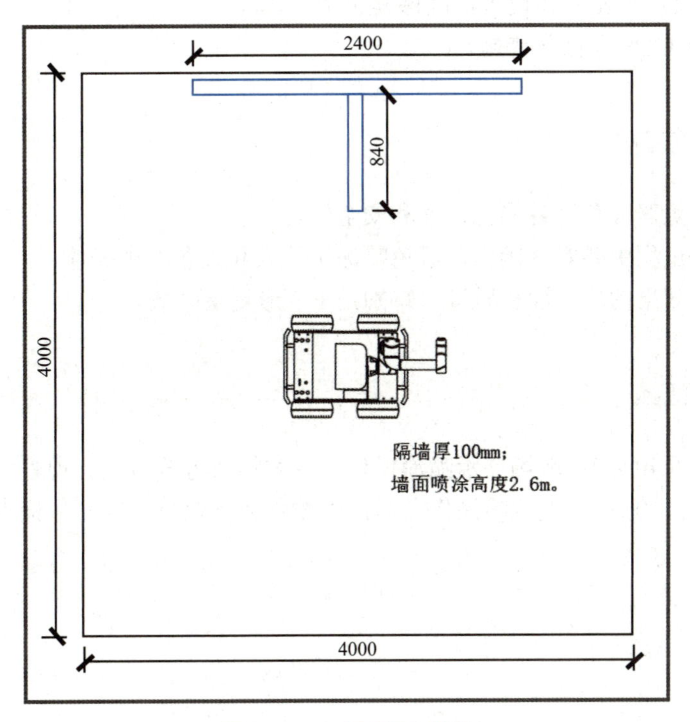

图6-6　T字形复杂墙体

6.6.2　安全须知

① 遵守所有喷涂操作的安全规程。
② 佩戴适当的个人防护装备，如安全眼镜、防护口罩等。
③ 确保喷涂机器人系统处于安全停机状态。

6.6.3　开始实训

① 规划设计阶段。
a. 确定喷涂区域和喷涂机器人的定位。
b. 设计喷涂路径和参数，特别考虑T字形复杂区域的处理。
② 工具准备阶段。
a. 检查喷涂机器人和设备是否正常工作。

b. 准备防护装备和清洁工具。

c. 准备处理T字形复杂区域的专用工具。

③ 执行阶段。

a. 按照设计好的路径和参数执行喷涂操作。

b. 实际操作中，学习如何控制喷枪与墙面的距离和角度，以确保涂层均匀。

c. 清理喷涂机器人和设备，清理工作区域，保持工作环境的整洁。

④ 维修保养阶段。

a. 定期检查喷涂机器人和设备，确保其正常工作。

b. 执行必要的维修和保养措施。

6.6.4 任务注意事项

① 确保喷涂机器人和设备的稳定性和安全性。

② 注意喷涂过程中要安全操作，避免喷涂机器人和设备发生碰撞。

③ 确保喷涂效果的均匀性和质量，特别是T字形复杂区域。

6.6.5 考核方式

① 操作演示（40分）：现场展示喷涂操作，由教师或考核员进行观察和评分。

② 质量检查（60分）：完成喷涂作业后，由教师或考核员进行质量检查。

附录 智能喷涂机器人相关记录表

附表1 智能喷涂机器人总成点检表

日期：　　　　设备编号：　　　　保养人：

检查项目	检查点	标准	频率	合格 √ 不合格 ×	维修人	备注

附表2 智能喷涂机器人保养表

日期： 设备编号： 保养人：

机器所在地： 管理编号：

名称	检查点	保养周期	是	否	备注
			○	○	
			○	○	
			○	○	
			○	○	
			○	○	
			○	○	
			○	○	
			○	○	
			○	○	
			○	○	
			○	○	
			○	○	
			○	○	
			○	○	

附表3　智能喷涂机器人检查记录表

日期：　　　　　　　　　　设备编号：　　　　　　　　　　检查人：

异常部位	异常描述	处理方案	处理时间	处理人员	备注

参考文献

[1] 顾军，芮延年，唐维俊．建筑机器人的研究与应用（英文）[J]．昆明理工大学学报（理工版），2007 (1): 54-59.

[2] 王田苗，陶永．我国工业机器人技术现状与产业化发展战略[J]．机械工程学报，2014, 50(9): 1-13.

[3] 刘毅，刘唐书，蒋建辉，等．我国工业机器人标准体系建设研究[J]．机床与液压，2019, 47(21): 38-40.

[4] 庄学功．机械基础[M]．北京：中国铁道出版社，1999.

[5] 霍伟．机器人动力学与控制[M]．北京：高等教育出版社，2005.

[6] 蔡志宏．机器人学基础[M]．北京：北京理工大学出版社，2018.

[7] 姚燕安，王硕，成俊霖．多模式自适应差动履带机器人[J]．南京航空航天大学学报，2017, 49(6): 757-765.

[8] 王昕煜，平雪良．基于多传感器融合信息的移动机器人速度控制方法[J]．工程设计学报，2021, 28(1): 63-71.

[9] 朱先秋．基于神经网络的多传感器融合方法研究[D]．南京：南京理工大学，2019.

[10] 訾斌．智能喷涂机器人关键技术及应用[M]．北京：科学出版社，2024.

[11] 张永贵．喷漆机器人若干关键技术研究[D]．西安：西安理工大学，2008.

[12] 程磊，吴怀宇，陈洋．智能机器人技术导论[M]．北京：电子工业出版社，2023.

[13] 刘亚军，黄田．6R操作臂逆运动学分析与轨迹规划[J]．机械工程学报，2012, 48(3): 9-15.

[14] 王晓琪．喷涂机器人运动学建模及仿真[D]．北京：北方工业大学，2016.

[15] 王斌，王克成．装饰工程机器人施工[M]．北京：中国建筑工业出版社，2022.

[16] 潘洋，冉全，邹梦麒．喷涂机器人的喷涂轨迹规划[J]．武汉工程大学学报，2018, 40(3): 333-339.

[17] 肖南峰．工业机器人[M]．北京：机械工业出版社，2011.

[18] 郭洪红．工业机器人技术[M]．西安：西安电子科技大学出版社，2016.

[19] 张宪民．机器人技术及其应用[M]．北京：机械工业出版社，2017.

[20] Feynman P R. There's plenty of room at the bottom: An invitation to enter a new field of physics[J]. Resonance, 2011, 16(9): 890-905.

[21] ZHOU Y, MA S, LI A, et al. Path planning for spray painting robot of horns surfaces in ship manufacturing[J]. IOP Conference Series: Materials Science and Engineering, 2019, 521(1): 012015.

[22] Vichare N M, Pecht M G. Prognostics and health management of electronics[J].IEEE Transactions on Components and Packaging Technologies, 2006, 29(1): 222-229.